职场达人

这样用

Word/Excel/PPT/PS

神龙工作室 ＿ 策划
殷慧文 ＿ 编著

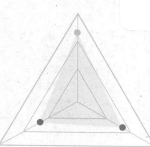

人民邮电出版社
北京

图书在版编目（ＣＩＰ）数据

职场达人这样用Word/Excel/PPT/PS / 殷慧文编著
. -- 北京 : 人民邮电出版社, 2022.11
ISBN 978-7-115-58264-5

Ⅰ. ①职… Ⅱ. ①殷… Ⅲ. ①办公自动化－应用软件
Ⅳ. ①TP317.1

中国版本图书馆CIP数据核字(2021)第268595号

内 容 提 要

本书以提高工作效率为目标，详细讲解如何应用 Word、Excel、PPT、PS 解决工作中的常见问题。

本书分为 4 篇，共 14 章。第 1 篇介绍如何设置 Word 文档的页面和版面，如何使用图形和表格让文档更加精美，如何使用样式让长文档排版更加高效；第 2 篇介绍必会的 Excel 基础操作，如何快速批量整理表格数据，如何使用排序、筛选与规划求解进行简单的数据分析，如何使用函数又快又准确地进行数据处理，如何使用数据透视表快速进行数据统计，如何使用图表实现数据可视化；第 3 篇介绍 PPT 设计相关的知识，如何合理设计 PPT 中的各种元素，如何使用工具高效地对 PPT 进行排版；第 4 篇介绍办公中常用的 PS 技能。

本书内容丰富、图文并茂、难度适中、可操作性强，既可作为职场新人、在校大学生的自学教程，也可作为各类职业院校相关课程的教材或相关培训机构的参考书。

◆ 策　　划　神龙工作室
　　编　　著　殷慧文
　　责任编辑　马雪伶
　　责任印制　胡　南
◆ 人民邮电出版社出版发行　　北京市丰台区成寿寺路 11 号
　　邮编　100164　电子邮件　315@ptpress.com.cn
　　网址　https://www.ptpress.com.cn
　　临西县阅读时光印刷有限公司印刷
◆ 开本：700×1000　1/16
　　印张：16　　　　　　　　　2022 年 11 月第 1 版
　　字数：330 千字　　　　　　2022 年 11 月河北第 1 次印刷

定价：79.90 元

读者服务热线：(010)81055410　印装质量热线：(010)81055316
反盗版热线：(010)81055315
广告经营许可证：京东市监广登字 20170147 号

前 言

身在职场，需要熟练使用哪些工具？

Word、Excel、PPT 是帮助用户提高工作效率的常用工具。无论去哪家单位面试哪个岗位，几乎都会被问到是否精通 Office。因此学好 Word、Excel、PPT，不仅可以在求职时提升竞争力，还能在工作中获得更多的表现机会。

为什么要学 PS 呢？在日常工作中，经常会遇到需要抠图、为证件照换背景、给图片去水印等场景，如果能掌握一些 PS 技能，具备简单的图片处理与设计能力，不仅可以快速完成工作，还能提升职场竞争力。

基于此，我们编写了本书。希望通过阅读本书，Word、Excel、PPT、PS 能成为读者行走职场的贴身"利器"——虽然不能像武侠小说中的大侠一样，凭借一件使用熟练的武器快意江湖，但读者能运用从本书学到的技能，在职场中完成一次次"打怪升级"任务！

为什么选择本书？

本书具有几下特点。

易于上手　本书以通俗易懂的语言介绍职场常用技能，哪怕是职场新人，也能看得懂、学得会。

实例引导　精选丰富且实用的职场实例，将职场人士在工作中遇到的痛点融入实例中，以便读者学完本书内容后可以轻松完成日常工作。

图文并茂　在介绍具体的操作步骤时，配有相应的截图及指示性标识，读者能够直观地看到操作过程及效果，更高效地完成本书内容的学习。

扫码观看　本书的配套教学视频与书中内容紧密结合，读者可以通过扫描书中的二维码观看视频，随时随地学习。

如何获得本书赠送的资源？

本书附赠丰富的办公资源大礼包，包括 Office 应用技巧电子书、精美的 PPT 模板、Excel 函数应用电子书等。

用微信扫描下方二维码，关注"职场研究社"，回复"58264"，即可获取本书赠送资源的下载方式。也可以加入 QQ 群 594416287，交流学习。

由于作者能力有限，书中难免有疏漏和不妥之处，敬请读者批评指正。若读者在阅读过程中产生疑问或者有任何建议，可以发送电子邮件至 maxueling@ptpress.com.cn。

目录

第 1 篇
科学编辑Word文档，提高工作效率

第1章 设置Word文档的页面和版面

实战技巧

* 取消按【Enter】键后自动产生的编号

* 缩小字符间距，让排版紧凑

* 将阿拉伯数字转换为人民币大写格式

* 输入带圈数字 ⑪

第2章 文档设计的好帮手——图形和表格

实战技巧

* 使用【F4】键快速更改图标颜色

* 设置图片和文字之间的距离

* 将多个图片组合在一起

* 设置多个形状的叠放顺序

* 改变文字的方向

第3章 高效排版的秘诀

实战技巧

* 使用通配符进行模糊查找
* 为文档添加水印
* 将文档内容分两栏排版

第2篇
找对方法，Excel工作得心应手

第4章 那些必会的Excel基础操作

实战技巧

* 快速填充相同内容
* 利用记忆功能快速输入数据
* 输入以 0 开头的数据
* 让他人只能编辑工作表中的指定区域

第5章　表格"脏又乱"，快速批量整理

第6章　简单的数据分析——排序、筛选与规划求解

第7章　数据处理又快又准确——函数

第8章　数据统计的利器——数据透视表

第9章　数据可视化之美——图表

第3篇
合理设计，精彩地呈现各类报告

第10章　重新认识PPT

第11章　合理设计PPT中的各种元素

第12章 学会使用这些工具，PPT排版、应用更高效

第4篇
学会PS技能，成为职场达人

第13章 日常办公常用的PS技能

第14章 职场进阶实用PS技能

第1篇

科学编辑Word文档，提高工作效率

良好的排版习惯，对于提高工作效率至关重要。制作文档前先设置好文档的面，可以确保后面的排版不返工。为文档设置样式，可以让文档更加智能。

第 1 章

设置 Word 文档的
页面和版面

- Word 版面由哪几部分组成?
- 怎样设置页边距?
- 设置版心时要注意什么问题?
- 怎样设置页眉和页脚?
- 怎样设置文档的字体格式?
- 如何设置段落格式?

在创建文档时，一般要先确定纸张的方向和大小，再设置页边距，然后根据页边距确定文档的版心位置，并适当调整页眉和页脚的位置，确保版面的四周有适当的留白，使文档有更好的展示效果。

确定好版心位置后，输入文档的内容，然后对文档内容进行基本的设置，例如进行字体和段落的设置，从而让文档的层级分明，更利于阅读。

怎样设置文档的各种格式呢？接下来马上为你揭晓。

1.1　会议纪要，要设置好这几部分内容

1.1.1　认识 Word 版面的组成部分

Word 的版面设置在【页面设置】对话框中进行，包含以下几个部分：纸张大小、页边距、版心、页眉和页脚。

右图所示的示意图直观地展示了【页面设置】对话框中部分选项的含义。

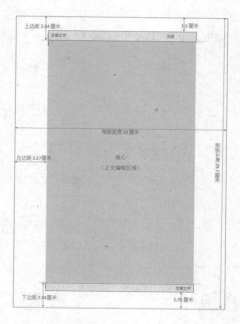

下面对【页面设置】对话框中的部分选项进行详细讲解。

纸张大小：Word 文档默认的纸张尺寸是 A4 纸型，因此打开【页面设置】对话框，【纸张大小】默认是【A4】。

页边距：页边距是指页面的边线到文字的距离，包括上、下、左、右 4 个边距。

纸张大小和页边距设置好后，版心也就确定了。

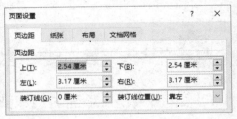

页眉和页脚：通常用来显示文档的附加信息或者为文档添加的注释等，页眉在页面的顶部，页脚在页面的底部。

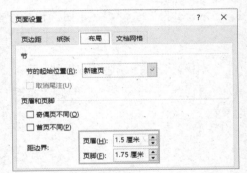

1.1.2 设置纸张的方向和大小

在制作文档前，首先要确定纸张的方向和大小，本小节以制作一份会议纪要为例进行介绍。

会议纪要是记载和传达会议情况与议定事项时使用的一种公文，因此会议纪要的纸张设置要按照公文的相关要求（如果没有特殊的说明，公文中的内容一般采用三号仿宋字体，颜色均为黑色）进行设置。

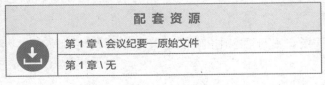

配 套 资 源
第 1 章 \ 会议纪要—原始文件
第 1 章 \ 无

扫码看视频

1. 设置纸张的方向

我们通常将会议纪要的纸张方向设置为纵向，具体的操作步骤如下。

STEP» 打开本实例的原始文件，❶切换到【布局】选项卡，在【页面设置】组中❷单击【纸张方向】按钮，在弹出的下拉列表中❸选择【纵向】选项。

2. 设置纸张的大小

公文用纸采用 A4 纸（21 厘米 ×29.7 厘米），因此将会议纪要的纸张大小设置为 A4（对于需要张贴的公文，其纸张大小要根据实际需要来调整），具体的操作步骤如下。

STEP» 在【布局】选项卡的【页面设置】组中❶单击【纸张大小】按钮，在弹出的下拉列表中❷选择【A4】选项。

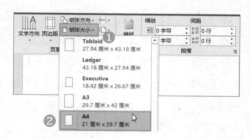

1.1.3　文档不同，页边距的设置也不同

页边距的设置要根据制作的文档类型来确定。本小节中要制作的会议纪要属于公文，所以页边距要按照公文页边距的规定进行设置。

配套资源	
第 1 章 \ 会议纪要 1—原始文件	
第 1 章 \ 会议纪要 1—最终效果	

扫码看视频

Tips

公文用纸上边距为 3.7 厘米 ±0.1 厘米（即上边距为 3.7 厘米，加 0.1 厘米或减 0.1 厘米均可），下边距为 3.5 厘米 ±0.1 厘米，左边距为 2.8 厘米 ±0.1 厘米，右边距为 2.6 厘米 ±0.1 厘米。版心尺寸为 15.6 厘米 ×22.5 厘米。

STEP1» 打开本实例的原始文件，❶切换到【布局】选项卡，在【页面设置】组中❷单击【页边距】按钮，在弹出的下拉列表中❸选择【自定义页边距】选项。

STEP2» 弹出【页面设置】对话框，系统自动切换到【页边距】选项卡。在【页边距】组合框中的❶【上】微调框中输入"3.7 厘米"，【下】微调框中输入"3.5 厘米"，【左】微调框中输入"2.8 厘米"，【右】微调框中输入"2.6 厘米"，❷单击【确定】按钮。

1.1.4 设置版心时要注意的问题

版心是用来放置正文内容的部分，上一小节中我们通过设置页边距确定了版心的位置，那么在设置版心时要注意哪些问题呢？

🖱 印装格式

公文的内容如果较多，有时会要求双面印制，在左侧装订，此时应注意进行相关设置。

字体、字号和字体颜色

如果没有特殊的说明，公文各要素使用的字体、字号如右表所示，特殊情况可以适当调整。如果没有特殊说明，公文中的文字颜色均为黑色。

公文要素	字体、字号
标题	小标宋，二号
正文	仿宋，三号
发文单位	仿宋，三号

行数和字数

一般每面排22行，每行排28字，并撑满版心，特殊情况可以适当调整。

1.1.5　设置文档的页眉和页脚

页眉和页脚常用来放置日期、时间、单位名称、公司 Logo、页码、徽标等信息，为文档添加页眉和页脚不仅能使文档更加美观，而且能增强文档的可读性。用户可以根据自己的喜好与实际需求对页眉和页脚进行适当的编排。文档不同，页眉和页脚的内容也不同，下面分别进行介绍。

配套资源
第 1 章 \ 会议纪要 2—原始文件
第 1 章 \ 会议纪要 2—最终效果

扫码看视频

1. 设置首页的页眉和页脚与其他页不相同

文档的封面（即文档的第一页）一般不用插入页眉和页脚，在【页眉和页脚工具】工具栏的【设计】选项卡的【选项】组中勾选【首页不同】复选框。

2. 设置奇偶页相同的页眉和页脚

一般情况下，奇偶页的页眉和页脚是相同的。这里介绍设置页眉和页脚的方法，具体的操作步骤如下。

插入页眉

STEP1》打开本实例的原始文件，❶切换到【插入】选项卡，在【页眉和页脚】组中❷单击【页眉】按钮，在弹出的下拉列表中❸选择【编辑页眉】选项，激活【页眉和页脚工具】工具栏。直接在文档的页眉区域双击，也可以激活【页眉和页脚工具】工具栏。

STEP2》系统自动切换到【页眉和页脚工具】工具栏的【设计】选项卡，在奇数页的【页眉】处输入文本"神龙工作室"。❶选中输入的文本，❷切换到【开始】选项卡，在【字体】组中的❸【字体】下拉列表框中选择【微软雅黑】选项，❹在【字号】下拉列表框中选择【小四】选项。页眉设置完成后，返回文档中可以看到奇数页与偶数页的页眉处都出现了"神龙工作室"字样。

插入页脚

STEP1» ❶切换到【插入】选项卡，在【页眉和页脚】组中❷单击【页脚】按钮，在弹出的下拉列表中❸选择【编辑页脚】选项，激活【页眉和页脚工具】工具栏。直接在文档的页脚区域双击也可以激活【页眉和页脚工具】工具栏。

STEP2» 系统自动❶切换到【页眉和页脚工具】工具栏的【设计】选项卡，在【页眉和页脚】组中❷单击【页脚】按钮，在弹出的下拉列表中❸选择【奥斯汀】选项。

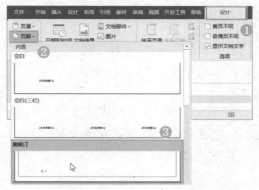

STEP3» 返回文档，可以看到页脚的效果，同时文档的偶数页也显示了相同的页脚效果。设置完页眉和页脚后，在【关闭】组中单击【关闭页眉和页脚】按钮退出页眉和页脚编辑状态。

3. 设置奇偶页不同的页眉和页脚

正常情况下插入页眉和页脚后，所有的页面都会显示相同的页眉和页脚，但是在工作中经常会遇到需要设置奇偶页不同的页眉和页脚，遇到这种情况怎么解决呢？具体的操作步骤如下。

STEP1» 按照前面介绍的方法激活【页眉和页脚工具】工具栏，❶切换到【设计】选项卡，在【选项】组中❷勾选【奇偶页不同】复选框。

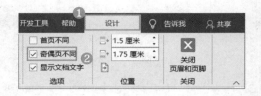

STEP2» 返回文档，可以看到之前设置的奇偶页相同的页眉和页脚，系统只保留了奇数页的设置，偶数页的页眉和页脚需要重新进行设置，具体操作步骤这里不赘述，请扫描本小节的二维码观看视频学习。

从右边的图中可以看到，页眉下方出现了一实一虚两条横线，实线用来确定页眉中的文本范围，虚线用来确定页眉范围。前文确定了文档页边距的数值，那么页眉和页脚的大小就

要在页边距设置的范围内，如果超出了虚线的位置，就会影响到版心的大小，从而影响整体页面的美观。

1.1.6　设置文档的装订线

装订线是指装订文档时预留的位置，在要装订的文档左侧或顶部添加的一条竖线或横线，如右图所示。

在右图中可以看到绿色的虚线，即左侧装订线的位置。

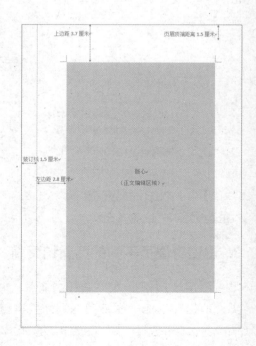

配 套 资 源
第 1 章 \ 会议纪要 3—原始文件
第 1 章 \ 会议纪要 3—最终效果

扫码看视频

确定了装订线的位置后，要怎样设置装订线呢？具体的操作步骤如下。

STEP» 按照前面介绍的方法打开【页面设置】对话框，系统自动切换到【页边距】选项卡。在【装订线】微调框中❶输入"1.5 厘米"，在【装订线位置】下拉列表框中❷选择【靠左】选项，❸单击【确定】按钮。

Tips

　　在设置装订线的时候，不但要避免影响正文的版式，还要考虑整个文档的厚度，文档越厚，版心与装订线之间的距离要越大，否则在翻阅装订好的文档时，书脊处的正文内容容易被遮挡。

公文应当从左侧装订，不掉页，裁切后的成品尺寸允许误差 ±0.2 厘米，四角成 90°，无毛边或缺损。

确定了装订线的位置后，装订线范围内不能插入任何内容，只有试卷可以在装订线内添加内容，例如考生的相关信息等。

页边距、版心和装订线的位置关系如下。

当【装订线】的数值为"0厘米"（即没有装订线），页边距的数值保持不变时，版心宽度为"15.6厘米"，即版心宽度＝纸张宽度－左边距－右边距=21－2.8－2.6=15.6（厘米）。

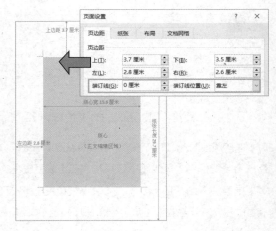

当【装订线】的数值为"1.5厘米"，页边距的数值保持不变，版心宽度被压缩为"14.1厘米"。

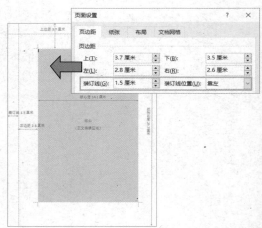

Tips

　　设置装订线的数值时，要根据文档的内容提前设置好页边距，从而保证不会影响到版心的大小。

1.2　公文和企业文件，排版有差异

1.2.1　不同类型的文档，字体格式也不同

在日常工作中，我们常用的文档有两种：公文和企业文件。接下来就分

别以公文和企业文件为例，讲解不同类型的文档字体格式的设置要求。

1. 公文的字体格式

公文可以分为版头、主体和版记 3 部分。这里以主体部分的字体格式为例进行讲解。

配 套 资 源
第 1 章 \ 公文—原始文件
第 1 章 \ 公文—最终效果

扫码看视频

> **Tips**
>
> 公文的标题常用的形式有 4 种：发文机关＋事由＋文种、事由＋文种、发文机关＋文种、文种。公文的标题部分使用二号小标宋字体标识，可分为一行或多行排布。

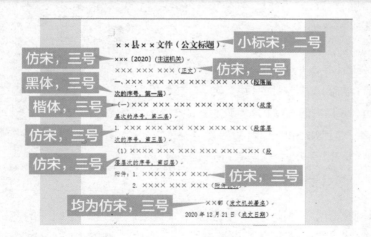

2. 企业文件的字体格式

对于企业内部使用的文件，在设置文件的字体格式方面，目前没有统一的规定，只要符合常规要求就可以。例如一级标题的字号要大于二级标题的字号，企业文档的层级显示要明显。

配 套 资 源
第 1 章 \ 财务管理制度—原始文件
第 1 章 \ 财务管理制度—最终效果

扫码看视频

　　企业文件通常使用的字体有两种，黑体和楷体，如果没有特殊的要求，一般使用以下标准：标题使用二号黑体字，加粗显示，如果有副标题，副标题使用四号黑体字；正文部分的一级标题使用四号黑体字，加粗显示，二级标题使用小四号黑体字，三级标题使用小四号楷体字，加粗显示，正文使用小四号楷体字。

　　前面我们使用【字体】组设置了页眉的字体格式，除此之外，还可以通过【字体】对话框来设置，具体的操作步骤如下。

STEP1» 打开本实例的原始文件，选中需要设置字体格式的文本内容，❶切换到【开始】选项卡，❷单击【字体】组右侧的对话框启动器按钮 。

STEP2» 弹出【字体】对话框，系统自动切换到【字体】选项卡。在【中文字体】下拉列表框中❶选择【黑体】选项，在【字形】列表框中❷选择【加粗】选项，在【字号】列表框中❸选择【四号】选项，单击【确定】按钮。

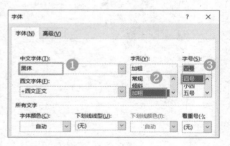

　　返回文档中，可以看到设置的字体效果。可以按照相同的方法设置其他的字体格式，此处不赘述，请读者扫描上方的二维码观看视频学习。

1.2.2　正确使用段落格式

　　前面我们讲解了公文和企业文件的字体格式，接下来分别讲解它们的段落格式。

设置段落格式包括设置对齐方式、设置段落缩进、设置间距、添加项目符号和编号等。

1. 公文的段落格式

公文主体部分的字体格式已经设置完成，接下来设置公文的段落格式，具体的操作步骤如下。

配套资源	
第 1 章 \ 公文 1—原始文件	
第 1 章 \ 公文 1—最终效果	

扫码看视频

STEP1» 打开本实例的原始文件，选中公文的标题部分，❶切换到【开始】选项卡，单击【段落】组中的❷【居中】按钮。

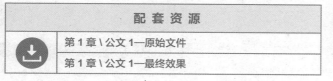

STEP2» 选中公文的正文部分，单击【段落】组右侧的对话框启动器按钮 。

STEP3» 弹出【段落】对话框，系统自动切换到【缩进和间距】选项卡。在【缩进】组合框中的【特殊】下拉列表框中❶选择【首行】选项，在【缩进值】微调框中❷输入"2字符"，然后在【间距】组合框中的【段前】微调框中❸输入"1行"，❹单击【确定】按钮。

关于公文的段落格式，此处重点讲解了对齐方式和段落缩进，公文其他的段落格式，可以按照相同的方法进行设置。

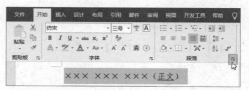

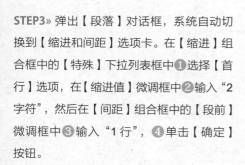

2. 企业文件的段落格式

下面以企业文件为例，讲解段落间距的设置，具体的操作步骤如下。

配 套 资 源
第 1 章 \ 财务管理制度 1—原始文件
第 1 章 \ 财务管理制度 1—最终效果

扫码看视频

STEP1» 打开本实例的原始文件，❶按【Ctrl+A】组合键，选中所有文本内容，❷切换到【开始】选项卡，在【段落】组中❸单击【行

和段落间距】按钮 ，在弹出的下拉列表中❹选择【1.15】选项，将段落间距及行间距均设置为 1.15 倍行距。

STEP2» 除了通过【段落】组设置间距，还可以通过【段落】对话框来设置。按照前面介绍的方法打开【段落】对话框，在【间距】组合框中的【行距】下拉列表框中选择合适的选项，并在【设置值】微调框中输入相应的数值。

Tips

如果只希望调整段落间距，而不改变行距，可以只调整【间距】组合框中的【段前】和【段后】微调框中的数值。

3. 添加项目符号和编号

添加项目符号和编号会让文档显得更有条理，方便阅读，具体的操作步骤如下。

STEP1» 选中需要添加项目符号的多段内容，在【段落】组中❶单击【项目符号】按钮，在弹出的下拉列表中❷选择【菱形】选项。

可以调整符号和文字之间的距离

STEP2» 选中需要添加编号的多段内容，在【段落】组中❶单击【编号】按钮，在弹出的下拉列表中❷选择一种合适的编号。

插入项目符号后，如果符号和文字之间的距离过大，怎样调整呢？具体的操作步骤如下。

STEP1» 选中需要设置的文本内容，单击鼠标右键，在弹出的快捷菜单中选择【调整列表缩进】选项。

STEP2» 弹出【调整列表缩进】对话框，在【文本缩进】微调框中❶输入"0.5 厘米"，❷单击【确定】按钮。

实战技巧

取消按【Enter】键后自动产生的编号

在编辑 Word 文档时，经常会遇到下面这种情况：在段落开始处输入编号，例如"1."" 一、"" 第一，"等，在输入完一段文字后，按【Enter】键，Word 就会自动产生下一个编号。这种设计符合多数用户的需要，但是也有部分用户不需要这个功能，想要取消它，怎样进行操作呢？

方法很简单：使用快捷键。自动产生编号后，再按一次【Enter】键或者按【Ctrl+Z】组合键即可取消产生的编号。

缩小字符间距，让排版紧凑

在编辑 Word 文档的过程中，有时会发现字符之间的距离很宽，不但影响文档的美观，还会造成版面的浪费。这时可以通过缩小字符之间的距离让排版紧凑，具体的操作步骤如下。

STEP» 打开 Word 文档，❶切换到【开始】选项卡，❷单击【字体】组右侧的对话框启动器按钮，弹出【字体】对话框。❸切换到【高级】选项卡，在【字符间距】组合框中的【间距】下拉列表框中❹选择【紧缩】选项，并在其后方的【磅值】微调框中❺输入"1 磅"。

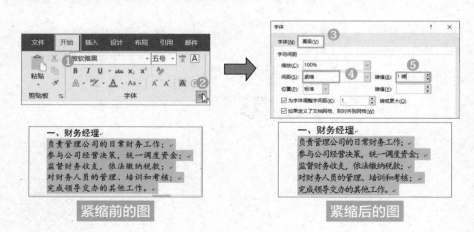

紧缩前的图　　　　　　　　　　紧缩后的图

将阿拉伯数字转换为人民币大写格式

在日常工作中如果需要将阿拉伯数字转换为人民币大写格式，可以借助 Word 的编号功能快速实现。下面介绍如何快速将阿拉伯数字转换为人民币大写格式。

STEP1» 打开 Word 文档，❶输入 "56218" 并选中，❷切换到【插入】选项卡，❸在【符号】组中 ❹单击【编号】按钮。

STEP2» 弹出【编号】对话框，在【编号类型】列表框中，❶选择【壹，贰，叁…】选项，❷单击【确定】按钮，返回文档。可以看到 "56218" 已经转换为对应的人民币大写格式了。

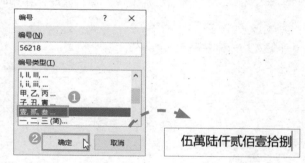

输入带圈数字⑪

在编辑文档的过程中，如果内容层次较多，可以自定义带圈字符，使文档内容条理清晰，方便阅读。在输入带圈数字时，尤其是 10 以上的带圈数字，可以使用插入符号的方法，下面以输入 "⑪" 为例进行介绍，具体的操作步骤如下。

STEP1 » 打开 Word 文档，❶ 切换到【插入】选项卡，❷ 在【符号】组中 ❸ 单击【符号】按钮，在弹出的下拉列表中 ❹ 选择【其他符号】选项。

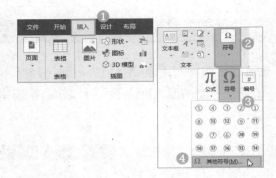

STEP2 » 弹出【符号】对话框，在【字体】下拉列表框中 ❶ 选择【Adobe Gothic Std B】选项，在【子集】下拉列表框中 ❷ 选择【带括号的字母数字】选项，❸ 选择需要输入的带圈字符【⑪】，❹ 单击【插入】按钮将带圈数字插入文档中。

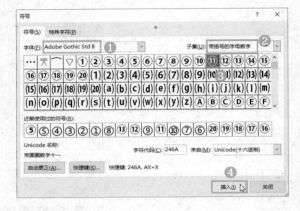

第 2 章
文档设计的好帮手
——图形和表格

- 图文混排怎样排版才好看？
- 形状的用处有哪些？
- 表格在文档中怎样应用才合适？
- 小图标也可以用来装饰文档吗？

图文混排中图片很重要，好的图片不但可以讲故事，还可以帮助读者理解文档，再加以文字辅助说明，能更好地展现文档的内容。

2.1　促销海报，巧用图片和形状

　　本节以制作一个促销海报为例，介绍图文混排的相关知识。

2.1.1　图文混排的技巧

　　在制作图文混排文档时要注意怎样对图片进行移动和定位，图片和文字怎样进行排列会更美观。

配　套　资　源
第 2 章 \ 冰激凌—素材文件
第 2 章 \ 冰激凌促销海报—原始文件
第 2 章 \ 冰激凌促销海报—最终效果

扫码看视频

　　图文混排的方式有以下几种：嵌入型、四周型、紧密型环绕、穿越型环绕、上下型环绕、衬于文字下方和浮于文字上方。

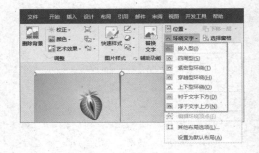

1. 插入图片

前面介绍了图文混排的方式，接下来介绍图文混排的制作方法。下面制作一份冰激凌促销海报，首先要在文档冲插入一张冰激凌图片。可以想象，在炎热的夏天，海报中有一张冰激凌的图片，不但真实感十足，而且瞬间让观者的心情变得清爽起来。插入图片的具体操作步骤如下。

STEP1» 打开本实例的原始文件，设置文档的页面（参见 1.1 节中的内容），打开【页面设置】对话框，在【页边距】的【上】【下】【左】【右】微调框中❶输入"0 厘米"，❷【纸张方向】设置为【纵向】，❸单击【确定】按钮。

STEP2» ❶切换到【插入】选项卡，❷在【插图】组中❸单击【图片】按钮，在弹出的下拉列表中❹选择【此设备】选项。

STEP3» 弹出【插入图片】对话框，在对话框左侧❶选择图片所在的位置，❷选择合适的图片，❸单击【插入】按钮，返回 Word 文档，可以看到图片已经插入 Word 文档中。

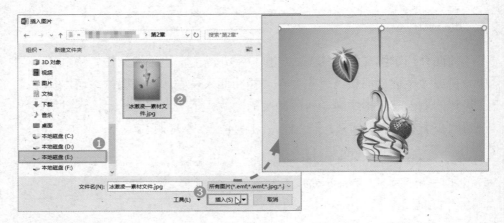

2. 设置图片

设置图片的大小

　　作为海报的底图，插入的图片需要填满整张海报，因此需要将图片的宽度设置为与页面宽度一致，具体的操作步骤如下。

STEP1» 选中插入的图片，❶切换到【格式】选项卡，在【大小】组中的【宽度】微调框中❷输入"21 厘米"。

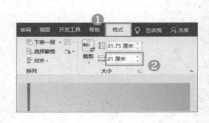

STEP2» 可以看到图片的高度也等比例增大，这是因为系统默认是锁定纵横比的。如果不想图片的高度发生变化，只要单击【大小】组中的对话框启动器按钮 ⌐，在弹出的【布局】对话框中取消勾选【锁定纵横比】复选框。

调整图片的位置

　　前面我们已经设置了图片的大小，接下来调整图片的位置，让插入的图片相对于页面左对齐和顶端对齐。

　　移动图片时会发现无法移动插入的图片，这是因为在 Word 中，默认插入的图片是嵌入式的，嵌入式图片与文字处于同一层，此时的图片就像单个的特大字符，被放置在两个字符之间，所以无法移动。为了美观和方便排版，需要先调整图片的环绕方式。此处将图片环绕方式设置为衬于文字下方，然后再调整图片的位置，具体的操作步骤如下。

STEP1» 选中插入的图片，❶切换到【格式】选项卡，在【排列】组中❷单击【环绕文字】按钮，在弹出的下拉列表中❸选择【衬于文字下方】选项。

STEP2» 在【排列】组中❶单击【对齐】按钮，在弹出的下拉列表中❷选择【对齐页面】选项，使【对齐页面】选项前面出现一个对钩。

STEP3» ❶单击【对齐】按钮，在弹出的下拉列表中❷选择【左对齐】选项。

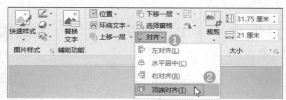

STEP4» ❶单击【对齐】按钮，在弹出的下拉列表中❷选择【顶端对齐】选项。

3. 设置海报的文本

设置完图片后，需要在海报中插入相应的文字，方便观者更好地了解产品。文字经过不同的安排和组织后，可以呈现出不同的视觉效果，但直接在海报中输入文字，达不到需要的效果。这时可以使用插入文本框的方法来输入文字，具体的操作步骤如下。

插入文本框

STEP1» ❶切换到
【插入】选项卡，
在【文本】组中
❷单击【文本框】
按钮，在弹出的下
拉列表中❸选择
【绘制横排文本
框】选项。

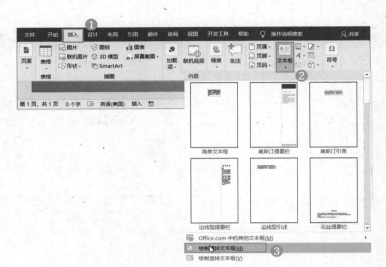

STEP2» 此时鼠标指针呈"十"字形状，将鼠标指针移动到需要
插入文本的位置，按住鼠标左键，拖曳鼠标指针，绘制一个横
排文本框，绘制完毕后释放鼠标左键。

设置文本框

　　插入的文本框用白色填充，边框颜色是黑色。为了不影响海报的整体美
观，这里将文本框设置为无填充、无轮廓，具体的操作步骤如下。

STEP1» 选中插入的文本框，❶切换到【格
式】选项卡，在【形状样式】组中❷单击【形
状填充】按钮，在弹出的下拉列表中❸选
择【无填充】选项。

STEP2» ❶单击【形状轮廓】按钮，在弹
出的下拉列表中❷选择【无轮廓】选项。

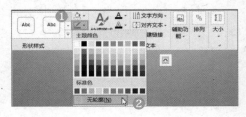

输入文本内容

设置好文本框的格式后，接下来讲解如何输入文本内容，以及如何设置文本的格式。

海报的底图是红色渐变的，我们需要将文本设置为白色和红色。输入海报的标题"夏天遇上冰激凌"，标题要突出显示，因此字号需要设置得大一些，并放置在适当的位置，具体操作步骤如下。

STEP1» 在文本框中输入文本"夏天"，选中输入的文本，❶切换到【开始】选项卡，在【字体】组中的【字体】下拉列表框中❷选择【方正标雅宋简体】选项，在【字号】下拉列表框中输入"46"。❸单击【字体颜色】按钮，在弹出的下拉列表中❹选择【白色，背景1】选项。在【段落】组中❺单击【居中】按钮，并适当调整文本框的大小，使文本全部显示。

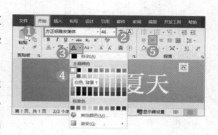

STEP2» 将文本"夏天"移动到合适的位置，按照相同的方法再插入两个文本框，并分别输入"遇上"和"冰激凌"，设置其格式分别为方正兰亭黑简体、16 号、段落居中和方正标雅宋简体、38 号、字体颜色为（白色，背景1）、段落居中。这里"遇上"的字体颜色要单独进行设置，在【字体】组中❶单击【字体颜色】按钮，在弹出的下拉列表中❷选择【其他颜色】选项，弹出【颜色】对话框。❸切换到【自定义】选项卡，在【颜色模式】下拉列表框中❹选择【RGB】选项，在微调框中分别❺输入"223""76""38"，单击【确定】按钮。

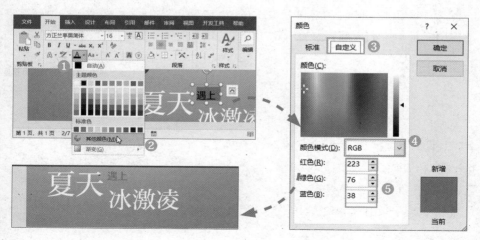

STEP3» 设置好标题之后，需要为促销海报添加其他的辅助信息。这部分内容同样使用文本框的方式来实现，效果如右图所示。

2.1.2　小形状有大用处

形状在文档中起点缀的作用，为表达关键信息服务。形状在海报中的作用是丰富版面，为界面增添色彩，并让图文混排的结构更加饱满。

配套资源
第 2 章 \ 冰激凌促销海报 1—原始文件
第 2 章 \ 冰激凌促销海报 1—最终效果

扫码看视频

1.　插入形状

形状自身的属性包括形和色，其作用的对象包括图片和文本。前面我们为海报插入了图片和文本，可以看到海报略显单调，这时可以通过添加一些形状为文字部分增添亮色，下面以在促销海报中插入椭圆为例进行介绍。

STEP1» 打开本实例的原始文件，❶切换到【插入】选项卡，在【插图】组中❷单击【形状】按钮，在弹出的下拉列表中选择【基本形状】→❸【椭圆】选项。

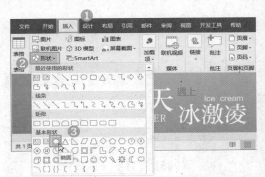

STEP2» 此时鼠标指针变为"十"字形状，将鼠标指针移动到要插入形状的位置，按住鼠标左键，拖曳鼠标指针绘制一个椭圆，绘制完毕后释放鼠标左键。

2. 设置形状

可以看到插入的形状是蓝色的，与促销海报的整体效果不协调。我们可以对形状进行设置，具体的操作步骤如下。

STEP1» 选中插入的形状，❶切换到【格式】选项卡，在【形状样式】组中❷单击【形状填充】按钮 🖌 ，在弹出的下拉列表中❸选择【白色，背景 1】选项。

STEP2» ❶单击【形状轮廓】按钮 🖊 ，在弹出的下拉列表中❷选择【无轮廓】选项。

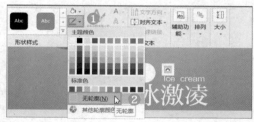

设置后可以看到插入的形状遮挡了文字内容。为了避免遮挡文字，可以将形状置于文字下方。

STEP3» 在【排列】组中❶单击【下移一层】按钮，在弹出的下拉列表中❷选择【衬于文字下方】选项。

STEP4» 在【大小】组的【高度】微调框中输入"1.27 厘米"，可以看到【宽度】微调框中的数值也随之改变，这是因为系统默认勾选了【锁定纵横比】复选框。

STEP5» 选中形状，在【排列】组中单击【位置】按钮，按图所示操作。

STEP6» 按照前面介绍的插入形状的方法再插入两个椭圆和一条直线，并对其进行设置，具体效果如右图所示。

2.2 工作证，表格让信息更有条理

2.2.1 表格在文档中的应用

说起表格，我们首先想到的是数据的排列和计算，其实表格不仅能计算数据。在 Word 文档中，表格是一项很重要的工具，它可以让文档中的信息更加条理化。那么，怎样在文档中创建表格？怎样设置表格中的内容呢？插入的表格可不可以对其进行拆分与合并呢？下面一一介绍。

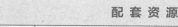

配 套 资 源

| 第 2 章 \ 工作证—原始文件 |
| 第 2 章 \ 工作证—最终效果 |

扫码看视频

1. 创建并设置表格的字体

　　制作一张工作证，需要输入员工的姓名、部门、职务和编号等信息。如果使用文本框输入信息，需要将一个个文本框进行对齐设置，费时费力，那怎样才能快速地输入工作证上的信息呢？这时可以使用表格。使用表格输入有规律的内容，可以让文档更加有条理，方便阅读，创建表格的具体操作步骤如下。

STEP1» 按照前面介绍的方法，输入标题并插入员工的图片，设置后的效果如右图所示（详细步骤请扫描上方的二维码观看视频学习）。

STEP2» ❶切换到【插入】选项卡，在【表格】组中❷单击【表格】按钮，在弹出的下拉列表中❸选择【插入表格】选项。

STEP3» 弹出【插入表格】对话框，❶在【列数】微调框中输入"2"，在【行数】微调框中输入"6"，❷选中【根据内容调整表格】单选钮，❸单击【确定】按钮，插入表格。

STEP4» 单击表格左上角的【表格】按钮⊞，选中整个表格。按住鼠标左键，拖曳鼠标指针，将表格移动到合适的位置。

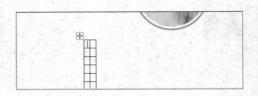

STEP5» 选中表格的第1列，将其字体格式设置为方正兰亭黑简体、16号、橙色【RGB（246，138，29）】，设置完成后输入文本内容，效果如下图所示。

STEP6» 选中表格的第2列，将其字体格式设置为方正兰亭粗黑简体、18号、橙色【RGB（246，138，29）】，设置完成后输入文本内容，效果如右图所示。

STEP7» 表格的最后1行需要填写工作证的单位名称，将其字体格式设置为方正标雅宋简体、20号、（白色，背景1），设置完成后输入文本内容。

2. 设置表格的行高和列宽

表格制作完成，接下来需要对表格进行美化设置。首先调整表格的行高和列宽，具体的操作步骤如下。

STEP1» 选中表格的第1列，❶切换到【布局】选项卡，在【单元格大小】组中的❷【宽度】微调框中输入"6.24厘米"，在【高度】微调框中输入"1.25厘米"。

STEP2» 选中表格的第 2 列，在【单元格大小】组中的【宽度】微调框中输入"6.3 厘米"，在【高度】微调框中输入"1.25 厘米"。

STEP3» 表格的最后 1 行要输入单位名称，需要单独设置，因此在【高度】微调框中输入"1.8 厘米"。

3. 合并与拆分单元格

设置了行高和列宽之后，会发现表格的最后一行有空白单元格。为了避免空白单元格影响表格的美观，可以对其进行合并或拆分操作，具体的操作步骤如下。

STEP1» 选中表格的最后 1 行，❶切换到【布局】选项卡，❷在【合并】组中❸单击【合并单元格】按钮。

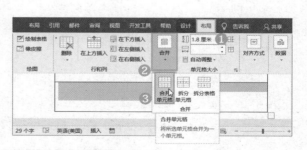

STEP2» 若要拆分选中的单元格，在【合并】组中单击【拆分单元格】按钮，弹出【拆分单元格】对话框，读者可以根据需要调整行数和列数。

Tips

除了上面介绍的方法，读者也可以选中单元格后单击鼠标右键，在弹出的快捷菜单中选择【合并单元格】选项或【拆分单元格】选项来实现单元格的合并与拆分。

4. 设置表格内容的对齐方式

对于输入的表格内容，我们可以根据需要调整其对齐方式。不同的内容，其对齐方式也不同，设置表格内容的对齐方式的具体操作步骤如下。

STEP1»选中表格中的第1列内容，❶切换到【布局】选项卡，❷在【对齐方式】组中❸单击【中部左对齐】按钮。

STEP2»选中表格中的第2列内容，❶在【对齐方式】组中❷单击【水平居中】按钮。

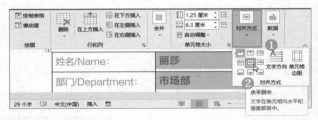

5. 设置表格的边框和底纹

表格带有边框会给人呆板的感觉，为了避免出现这种情况，可以对表格的边框进行相应的设置。设置底纹可以重点突出要显示的内容。下面就来了解一下怎样设置表格的边框和底纹，具体的操作步骤如下。

STEP1»选中整个表格，❶切换到【设计】选项卡，在【边框】组中❷单击【边框】按钮，在弹出的下拉列表中❸选择【边框和底纹】选项。

STEP2» 弹出【边框和底纹】对话框，系统自动切换到【边框】选项卡。在【样式】列表框中❶选择一种样式，在【颜色】下拉列表中❷选择【其他颜色】选项，弹出【颜色】对话框。❸切换到【自定义】选项卡，在【颜色模式】下拉列表框中❹选择【RGB】选项，在【红色】【绿色】【蓝色】微调框中❺输入相应的数值，❻单击【确定】按钮。

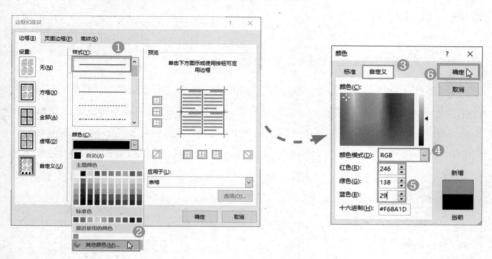

STEP3» 返回【边框和底纹】对话框，在【宽度】下拉列表框中❶选择【1.5磅】选项，取消【预览】组合框中的所有边线的应用，❷单击【中】和【下】边框，❸单击【确定】按钮，返回文档中，可以看到边框的设置效果。

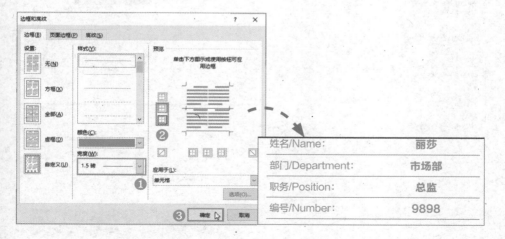

STEP4» 这时会发现，设置的边框并没有完全满足我们的需要，还需要对部分表格进行单独的设置。选中表格的第 1 列，在【边框】组中①单击【边框】按钮→②【无框线】选项。

STEP5» 按照相同的方法设置其他部分的表格边框。

STEP6» 设置好边框后，再为表格添加底纹。选中表格的最后 1 行，按照前面介绍的方法打开【边框和底纹】对话框。①切换到【底纹】选项卡，在【填充】下拉列表中②选择【其他颜色】选项，弹出【颜色】对话框。③切换到【自定义】选项卡，在【颜色模式】下拉列表框中④选择【RGB】选项，在【红色】【绿色】【蓝色】微调框中⑤输入相应的数值，⑥单击【确定】按钮，返回【边框和底纹】对话框。单击【确定】按钮，返回 Word 文档中，可以看到添加底纹后表格最后 1 行的效果。

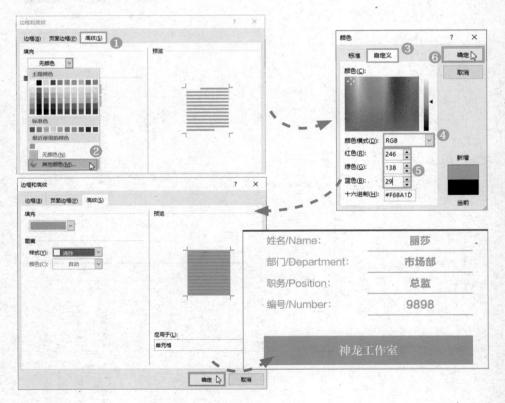

工作证设置完成后，为了美观可以为其添加边框作为工作证的边界。添加边框的步骤前面已经详细讲解了，这里不再赘述。

6. 实现 Word 表格行列对调

表格的行列对调，即将表格的纵向内容转为横向设置。在 Word 中实现表格行列对调有点困难，但在 Excel 中则很轻松。下面利用 Excel 轻松对调 Word 中表格的行列，具体的操作步骤如下。

STEP1» 选中需要进行行列对调的表格内容，按【Ctrl+C】组合键将其复制，打开 Excel，单击空白单元格，按【Ctrl+V】组合键，将复制的表格粘贴到工作表中，适当调整表格。

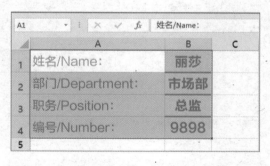

STEP2» 选中粘贴到 Excel 中的内容，按【Ctrl+C】组合键复制单元格区域，在空白单元格上单击鼠标右键，在弹出的快捷菜单中选择【选择性粘贴】→【转置】选项。

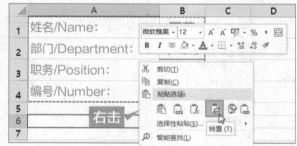

STEP3» 可以看到表格中的行列内容已经互换，将转换后的内容选中，复制并粘贴到 Word 中，调整行高和列宽。

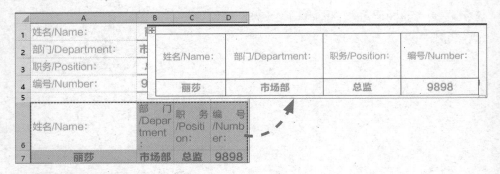

7. 表格与文本的转换

如果只想显示表格中的文本，而不显示表格格式，可以使用 Word 提供的将表格转换为文本功能，只要表格中包含内容，就可实行此操作，具体的操作步骤如下。

STEP1» 选中要转换的表格内容，❶切换到【布局】选项卡，❷在【数据】组中❸单击【转换为文本】按钮。

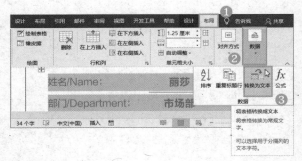

STEP2» 弹出【表格转换成文本】对话框，❶选中【制表符】单选钮（也可以根据需要选择相应的分隔符），❷单击【确定】按钮，返回文档中可以看到转换后的效果。

2.2.2 在表格中插入装饰小图标

Word 提供了很多图标模板供用户进行选择，如人、技术和电子、通信、商业、艺术、庆祝、动物等。使用这些图标模板，不仅可以快速在 Word 文档中绘制简单且精美的小图标，而且可以对文档起到装饰作用，下面就来看一下具体的使用方法。

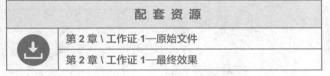

配套资源
第 2 章 \ 工作证 1—原始文件
第 2 章 \ 工作证 1—最终效果

扫码看视频

插入装饰小图标

工作证制作完成后，可以看到工作证上只有员工在公司的岗位信息，没有员工个人的联系方式。下面就在工作证的后面制作一份员工的个人名片，具体的操作步骤如下。

STEP1» 按照前面介绍的插入图片的方法插入单位名称和 Logo，使用插入文本框的方法输入员工姓名和对应的职务，使用表格输入员工的联系方式。对插入的图片、文本框和表格进行设置，效果如右图所示。

STEP2» 表格中只有联系方式会略显单调，可以插入相应的小图标来装饰。❶切换到【插入】选项卡，在【插图】组中❷单击【图标】按钮。

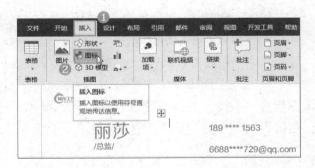

STEP3» 弹出【插入图标】对话框，在对话框的左侧❶选择【通信】选项，在右侧的组合框中❷选择电话图标，使其右上方出现一个对钩，❸单击【插入 (1)】按钮，返回文档中，可以看到插入的图标。按照相同的方法为其他选项插入合适的图标。

设置小图标

　　插入图标后，可以看到现在插入的图标与文档整体不协调，因此，需要对插入的图标进行设置。图标的相关设置与图片相似，这里不赘述，最终效果如右图所示。

实战技巧

使用【F4】键快速更改图标颜色

　　【F4】键的作用是重复上一步操作，它能准确无误地执行用户的上一步操作（不包括移动鼠标指针动作）。例如，重复输入一段刚刚输入的内容、样式设置、表格增删行或列，以及快速更改插入图标的颜色等。

　　在制作工作证的个人名片时，先按照前面介绍的方法插入一个【电话】图标，并将图标的颜色设置为绿色，然后单击【邮箱】图标，按【F4】键，可以看到【邮箱】图标变为了绿色。

设置图片和文字之间的距离

　　设置图片和文字之间的距离，就是设置图片和文字的环绕方式。图片环绕方式的设置在 2.1.1 小节中已经讲解过了，这里通过【四周型】环绕方式，来讲解怎样调整图片和文字之间的距离。

STEP» 选中插入的图片，❶切换到【格式】选项卡，在【排列】组中❷单击【环绕文字】按钮，在弹出的下拉列表中❸选择【其他布局选项】选项，弹出【布局】对话框。系统自动切换到【文字环绕】选项卡，可以在【环绕方式】组合框中选择文字的环绕方式，在【距正文】组合框中的【上】【下】【左】【右】微调框中输入相应的数值，调整图片和文字之间的距离。

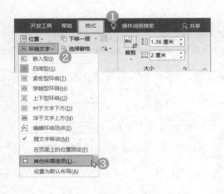

将多个图片组合在一起

　　在文档中插入图片是为了美化文档的版面。如果只插入一张图片，移动起来很方便，但如果插入多张图片，再一张张移动，会浪费很多时间。这时可以将插入的多张图片进行组合，组合后再一起移动会方便很多，具体的操作步骤如下。

STEP» 选中插入的多张图片后单击鼠标右键，在弹出的快捷菜单中选择【组合】→【组合】选项，将多张图片组合在一起。

设置多个形状的叠放顺序

　　打开一个 Word 文档，当看到文档中有多个形状叠放在一起，但是我们对其叠放的顺序不满意时，怎样能在不移动形状的前提下，调整形状的叠放顺序？具体的操作步骤如下。

STEP» 选中插入的某个形状后单击鼠标右键，在弹出的快捷菜单中选择【置于顶层】或【置于底层】选项，在弹出的级联菜单中选择合适的选项调整形状的叠放顺序。

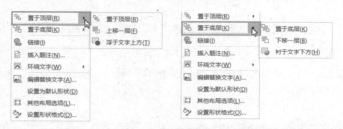

改变文字的方向

　　文档编辑完成后，如果想改变部分文字的方向，也可以使用右键快捷菜单来完成，具体的操作步骤如下。

STEP» 选中要改变方向的文字后并单击鼠标右键，在弹出的快捷菜单中选择【文字方向】选项，弹出【文字方向 - 主文档】对话框。在【方向】列表框中有 5 种文字方向可供选择，读者可以根据需求进行选择。

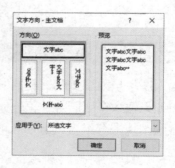

3

第 3 章

高效排版
的秘诀

- 样式很重要，怎么使用样式呢？
- 手动输入文档目录很麻烦，怎样解决呢？
- 成百上千份文档，怎么批量制作？
- 如何批量删除文档中不需要的内容？
- 多人审阅、修改文档，应如何操作？

在输入文档内容时，很多人都是先输入文字，然后插入图片和表格，文档内容输入完成后，再对文档进行排版。这种操作方法效率较低。

　　科学、规范的排版方式是先将内容框架的格式设置好，然后再输入对应的内容，这样可以大大节省排版的时间。排版的一般流程：先设置文档的页面（这部分内容参见第 1 章），再设置文档的样式，然后输入文档的内容，最后预览文档效果。

3.1　公司培训方案，长文档应该这样排版

3.1.1　套用样式，让文档制作更加快捷

　　样式是字体、字号和缩进等格式设置的组合，即一组已经命名的字符格式和段落格式的集合，学会使用样式可以避免对内容进行重复的格式操作。

配 套 资 源
第 3 章 \ 公司培训方案—原始文件
第 3 章 \ 公司培训方案—最终效果

扫码看视频

1. 套用系统内置样式

　　打开 Word 文档可以看到，Word 自带了样式库，其中包含工作中常用的【标题 1】【标题 2】【标题 3】【正文】等样式，用户可以根据需要套用系统内置样式来设置文档格式，具体的操作步骤如下。

STEP1» 打开本实例的原始文件，选中要使用样式的一级标题文本"第一部分 公司培训说明"，❶切换到【开始】选项卡，❷在【样式】组中❸选择【标题 1】选项。

STEP2» 除了利用【样式】库设置样式外，还可以利用【样式】任务窗格应用内置样式。选中要使用样式的二级标题文本"一、公司现状分析"，❶单击【样式】组中的对话框启动器按钮 ，弹出【样式】任务窗格，在【样式】列表框中❷选择【标题 2】选项。

STEP3» 按照前面介绍的两种方法为三级标题文本"1. 对公司企业文化培训的意见"应用【标题 3】样式。

2. 自定义样式

　　系统自带的样式有时候可能不符合排版的要求，如果强行套用内置样式，会使整体效果不美观，这时就需要使用自定义样式，创建自定义样式的方法有两种：新建样式和创建样式。这里重点介绍新建样式的操作方法，创建样式的操作方法请扫描本小节的二维码观看视频学习，新建样式的具体操作步骤如下。

新建样式

STEP1» 打开本实例的原始文件，按照前面介绍的方法打开【样式】任务窗格，在任务窗格中单击【新建样式】按钮。

STEP2» 弹出【根据格式化创建新样式】对话框，在【名称】文本框中❶输入新样式的名称"附件"，在【后续段落样式】下拉列表框中❷选择【附件】选项。如果需要对新建样式的字体和段落进行设置，可以❸单击【格式】按钮，在弹出的下拉列表中选择相应的选项进行设置。例如选择【字体】选项，在弹出的【字体】对话框中可以设置样式的字体格式。设置完成后返回文档，可以在【样式】任务窗格中看到【附件】样式。

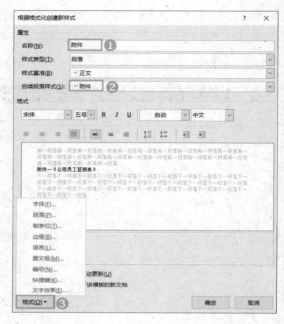

新建【附件】样式后，因为该样式是基于【正文】创建的，为了有所区别，所以正文的段落缩进需要单独进行设置。选中正文内容，❶单击【段落】组中的对话框启动器按钮，弹出【段落】对话框，系统自动切换到【缩进和间距】选项卡。在【缩进】组合框中❷设置首行缩进"2 字符"，❸单击【确定】按钮。

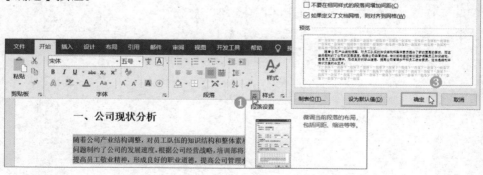

修改样式

　　将文档中的各种样式设置完成后，查看样式可以看到设置的【正文】和【附件】样式。此时文本的层级关系显示不明显，为了方便阅读，可以对应用的样式进行修改，具体的操作步骤如下。

STEP1» 按照前面介绍的方法打开【样式】任务窗格，在窗格中选择【标题 3】选项，单击鼠标右键，从弹出的快捷菜单中选择【修改】选项。

STEP2» 弹出【修改样式】对话框，在【格式】组合框中的【字号】下拉列表框中 ❶选择【四号】选项，❷单击【格式】按钮→❸【段落】选项，弹出【段落】对话框。在【间距】组合框中的【段前】和【段后】微调框中❹分别输入"8 磅"，依次单击【确定】按钮，返回文档中可以看到【标题 3】的样式已经修改完成。

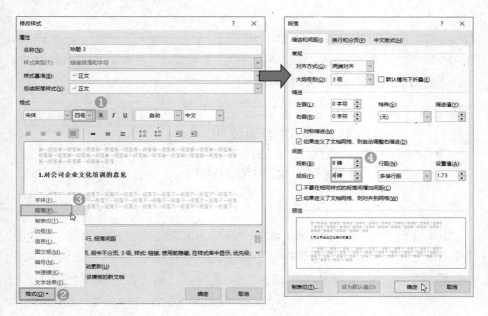

STEP3» 按照相同的方法对【附件】样式进行修改，以与【正文】样式区分。

3. 快速刷新样式

在为文本应用样式时，如果文档篇幅较小，可以一一为对应的文本应用样式，可是如果文档的篇幅较大，一个个对文本进行设置，不但费时而且很烦琐，那么怎样快速刷新样式呢？刷新样式的方法有两种：使用鼠标和使用格式刷。这里重点介绍使用格式刷刷新样式的方法（使用鼠标刷新样式的操作步骤请扫描本小节的二维码观看视频学习）。使用格式刷刷新样式的具体操作步骤如下。

STEP1» 在 Word 文档中选中已经应用【标题 1】样式的一级标题文本，❶切换到【开始】选项卡。单击【剪贴板】组中的❷【格式刷】按钮，此时格式刷呈灰色底纹显示，说明已经复制了选中文本的样式。

STEP2» 将鼠标指针移动到文档的编辑区域，此时鼠标指针变成"小刷子"形状。滚动鼠标滚轮或拖曳文档中的垂直滚动条，将鼠标指针移动到要刷新样式的文本段落上，单击，此时该文本段落就自动应用格式刷复制的【标题 1】样式。

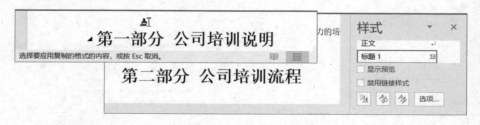

如果要将多个文本段落刷新成同一样式，需要先选中已经应用了目标样式的一级文本，然后双击【剪贴板】组中的【格式刷】按钮，此时格式刷呈灰色底纹显示，说明已经复制了选中文本的样式。依次在想要刷新该样式的文本段落中单击，文本段落会自动应用格式刷复制的样式。样式刷新完毕后，单击【剪贴板】组中的【格式刷】按钮，退出复制状态。

STEP3» 使用同样的方法，为文本其他内容刷新样式。

3.1.2 自动生成的文档目录

公司的培训方案制作完成了，接下来要制作培训方案的目录，便于领导查看。若先输入"目录"标题，再手动输入各个层级的标题及各标题对应的页码，那么在输入的过程中会出现很多问题，例如，目录后面的点怎么输入？怎样将目录对齐？输入的目录怎样换行比较好？诸如此类的问题很烦琐，那么怎么解决这些问题呢？

对于前面遇到的问题，使用 Word 中包含的自动生成目录功能，就可以很好地解决。那么怎样自动生成文档的目录呢？下面进行讲解。

配 套 资 源
第 3 章 \ 公司培训方案 1—原始文件
第 3 章 \ 公司培训方案 1—最终效果

扫码看视频

1. 自动生成目录

自动生成目录的前提是必须为标题应用样式，例如为一级标题应用【标题 1】的样式，为二级标题应用【标题 2】的样式等。

在前面的章节中，标题样式已经设置完成，接下来就可以自动生成目录了，具体的操作步骤如下。

STEP» 打开本实例的原始文件，将光标定位到文档第一行的行首，❶切换到【引用】选项卡，在【目录】组中❷单击【目录】按钮，从弹出下拉列表中选择【内置】中的目录选项。例如❸选择【自动目录 1】选项，返回 Word 文档，可以看到在光标所在位置前自动生成了目录。

2. 对目录进行美化

　　自动生成目录之后，会发现目录的层级显示不明显，各个标题之间的间距没有太大的差别，整体页面不太美观。这时可以对目录进行美化，具体的操作步骤如下。

STEP1» 单击【目录】按钮，在弹出的下拉列表中选择【自定义目录】选项。

STEP2» 弹出【目录】对话框，系统自动切换到【目录】选项卡。在【格式】下拉列表框中❶选择【来自模板】选项，❷单击【修改】按钮。

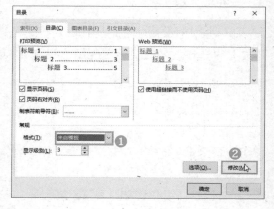

STEP3» 弹出【样式】对话框，在【样式】列表框中❶选择【TOC1】选项，❷单击【修改】按钮。

STEP4» 弹出【修改样式】对话框，在【字体颜色】下拉列表框中❶选择【红色】选项，❷单击【加粗】按钮，❸单击【确定】按钮，返回【样式】对话框。在【预览】组合框中可以看到【TOC1】的设置效果，❹单击【确定】按钮，返回【目录】对话框，❺单击【确定】按钮，弹出【Microsoft Word】提示框，询问用户"要替换此目录吗？"❻单击【是】按钮，返回文档中，可以看到设置后的效果。

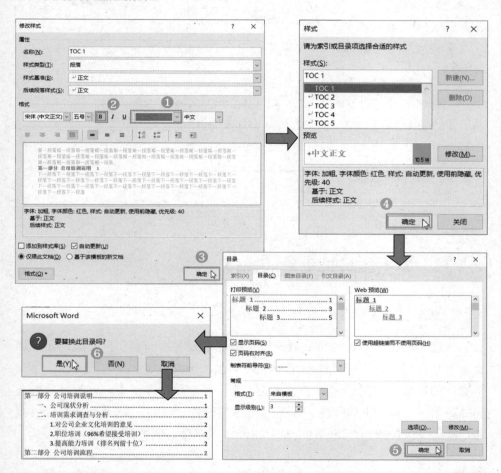

3. 更新目录

　　培训方案的内容设置完成了，目录也设置完毕，但在查看时发现目录和正文是连接在一起的，既没有分页，也没有分节。为了明确区分目录和正文内容，需要对方案的内容进行分页操作（由于篇幅受限，对文档进行分页的操作请扫描本小节的二维码观看视频学习）。分页的目的是让指定的内容从新的一页开始，分页后，方案的页码会发生改变，这时原来生成的目录就不能使用了，需要对目录进行更新，具体的操作步骤如下。

STEP1» 对文档进行分页操作后，将光标定位在文档中。❶切换到【引用】选项卡，在【目录】组中❷单击【更新目录】按钮。

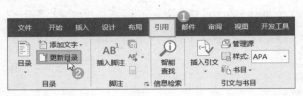

STEP2» 弹出【更新目录】对话框，❶选中【更新整个目录】单选钮，❷单击【确定】按钮，返回文档中，可以看到目录已经更新。

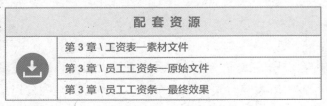

3.2　高效率处理文档的秘诀

3.2.1　批量制作并群发"员工工资条"

在日常的工作中，经常会遇到以下问题：公司要向客户广发邀请函，但是客户有数百人，制作邀请函是一项大工程；学校要给学生发放奖状，上千份奖状的制作太费时；又到了要发工资的日子，数百份工资条要制作并群发到邮箱中……对于上述问题，Word 有高效率的处理办法——使用域与邮件合并功能，可以快速地批量制作文档，下面以工资条为例进行详细的讲解。

配套资源
第 3 章 \ 工资表—素材文件
第 3 章 \ 员工工资条—原始文件
第 3 章 \ 员工工资条—最终效果

扫码看视频

要制作工资条，对于员工人数较少的公司，使用 Excel 就可以了，但是当公司人数达到数百时，再使用 Excel 制作工资条就会很麻烦。而且现在提倡无纸化办公，有的单位会将员工的工资条以电子邮件的方式直接发送到员工的邮箱中。那怎样在 Word 中批量制作工资条？怎样将工资条群发给每个员工呢？具体的操作步骤如下。

邮件合并

STEP1» 打开本实例的原始文件，❶切换到【邮件】选项卡，在【开始邮件合并】组中❷单击【选择收件人】按钮→❸【使用现有列表】选项。

STEP2» 弹出【选取数据源】对话框，❶选择数据源文件（即素材文件）所在的位置，在对话框右侧❷选中数据源"工资表—素材文件 .xlsx"，❸单击【打开】按钮，弹出【选择表格】对话框，❹单击【确定】按钮。

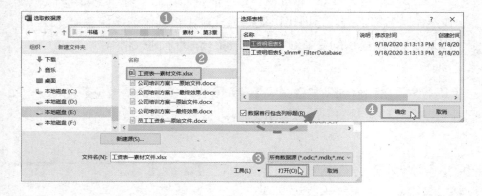

STEP3» 导入数据源后，要在工资条中输入对应的姓名。在【编写和插入域】组中❶单击【插入合并域】按钮，在弹出的下拉列表中❷选择【姓名】选项，返回 Word 文档中，可以看到【姓名】已经插入文档中了。

STEP4» 单击【插入合并域】按钮，依次插入对应的域。在【预览结果】组中❶单击【预览结果】按钮，可以看到生成的工资条信息。如果想查看其他人的工资条，❷单击【下一记录】按钮▶。

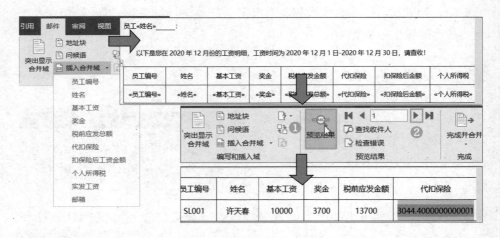

Tips

　　在 STEP3 中可以看到将【姓名】插入后，位于姓名下方的下画线并不在姓名的下方。这时可以使用格式刷（格式刷的操作参见 3.1.1 小节）将下画线添加到姓名的下方，并将多余的下画线删除。

　　从上图中可以看到，工资条中【代扣保险】金额的小数位数过多，这个问题可以在邮件合并前，通过编辑文档中的域代码来解决，具体的操作步骤如下。

STEP1» 在表格中插入对应的域后，选中【代扣保险】合并域，单击鼠标右键，在弹出的快捷菜单中选择【切换域代码】选项。

STEP2» 插入的域名变成了代码格式，在域代码的结尾输入"\#0.00"，表示保留两位小数，按【F9】键。

姓名	基本工资	奖金	税前应发金额	代扣保险	扣保险后金额
《姓名》	《基本工资》	《奖金》	《税前应发总额》	{ MERGEFIELD 代扣保险 \#0.00 }	《扣保险后金额》

		税前应发金额	代扣保险
SL001	许天春	10000	3700	13700	3044.40

邮件群发

　　工资条批量制作完成了，接下来要对应地发送给每一个员工，那要怎样发送到每个员工的个人邮箱中呢？具体的操作步骤如下。

STEP1» ❶切换到【邮件】选项卡，在【完成】组中❷单击【完成并合并】按钮→❸【发送电子邮件】选项。

STEP2» 弹出【合并到电子邮件】对话框，在【收件人】下拉列表框中❶选择【邮箱】选项，❷输入主题，其他选项保持默认设置，❸单击【确定】按钮将邮件群发给每个员工。

Tips

　　Word 群发邮件只能使用 Outlook 邮箱完成，只要计算机安装了 Office 就可以使用 Outlook 邮箱。在群发邮件前，必须关闭素材文件的 Excel 表格。

3.2.2 批量删除"年会庆典策划"中的空格

　　说起查找和替换功能，最先想到的就是用它来替换文字，其实查找和替换不仅能用来替换文字，还可以用来查找和替换文档中的各种标记。

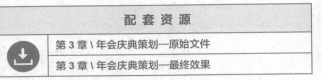

扫码看视频

公司要举办 5 周年活动庆典，企划部提供了一份详细的活动流程。在查看文档的时候，发现文档中有许多空格符号，那怎样批量删除多余的空格呢？具体的操作步骤如下。

> **·一、开展年会背景：**
>
> 　　公司成立 5 周年，随着公司的发展，公司品牌在行业中的地位逐渐提升，为了让员工的团队意识也随之提升，故开展此次活动。
>
> **·二、年会庆典目的：**

STEP1» 打开本实例的原始文件，选中并复制文档中的某个空格，❶切换到【开始】选项卡，❷在【编辑】组中❸单击【替换】按钮（或者直接按【Ctrl+H】组合键）。

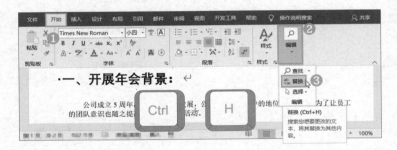

STEP2» 弹出【查找和替换】对话框，❶在【查找内容】文本框中粘贴复制的空格，❷【替换为】文本框内容为空。❸单击【全部替换】按钮，弹出【Microsoft Word】对话框，提示用户"替换了 34 处。是否从头继续搜索？"❹单击【是】按钮，再次弹出提示信息，❺单击【确定】按钮，返回【查找和替换】对话框，❻单击【关闭】按钮。

3.3　公司考勤制度，多人审阅编辑文档

员工的考勤是公司正常运作的基础，一份完善的考勤制度至关重要。公司人事部起草了一份考勤制度，提交给公司的领导进行审核，各个部门的领导对考勤制度进行了批示或修改，最终结果回到了人事部。但人事部的员工拿着领导修改过的考勤制度犯起愁来，领导到底改哪里了？是哪个领导修改的？什么时候修改的呢？这时候文档的【审阅】功能就可以发挥作用了。怎样对文档进行审阅呢？下面就来详细地介绍。

配 套 资 源
第 3 章 \ 公司考勤制度—原始文件
第 3 章 \ 公司考勤制度—最终效果

扫码看视频

3.3.1　添加批注

为考勤制度添加批注，可以更好地追踪文档的修改情况，能够知道是哪位领导在什么时间修改的文档或提出了什么意见，添加批注的具体操作步骤如下。

STEP1» 打开本实例的原始文件，选中要插入批注的文本。❶切换到【审阅】选项卡，❷在【批注】组中❸单击【新建批注】按钮，文档的右侧出现一个批注框，可以根据需要输入批注信息。Word 的批注信息前面会自动加上用户名及添加批注的时间。

STEP2» 如果要删除批注，可先选中批注框，❶在【批注】组中❷单击【删除】按钮，在弹出的下拉列表中❸选择【删除】选项。

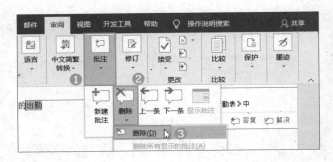

3.3.2 修订文档

当领导为文档添加批注后，人事部就可以看到领导提出的意见，可如果领导只修改了考勤制度的内容，或更改了字体格式，这些在批注里是无法显示的，这样容易漏掉一些信息。为了避免这种情况的发生，可以使用 Word 提供的文档修订功能。开启修订功能后，系统会自动跟踪对文档进行的所有更改，包括插入、删除和格式更改，并对更改的内容做出标记。修订文档的具体操作步骤如下。

STEP1» ❶切换到【审阅】选项卡，❷在【修订】组中❸单击【显示标记】按钮，在弹出的下拉列表中❹选择【批注框】→【在批注框中显示修订】选项，❺单击【所有标记】按钮右侧的下拉按钮 ，在弹出的下拉列表中❻选择【所有标记】选项。

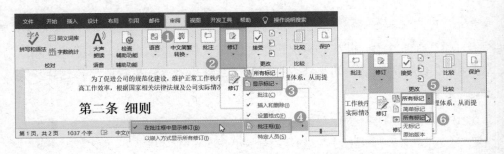

STEP2» ❶在【修订】组中❷单击【修订】按钮的上半部分，文档进入修订状态。

STEP3» 将文档中的"维护"更改为"维持"，系统在右侧弹出一个批注框，显示修改的详细信息。

STEP4» 当所有的修订完成以后，可以通过【导航】任务窗格浏览所有的审阅记录。❶在【修订】组中❷单击【审阅窗格】按钮，在弹出的下拉列表中❸选择【垂直审阅窗格】选项，此时在文档的左侧出现【导航】任务窗格，其中显示所有的审阅记录。

3.3.3 更改文档

对于考勤制度中批注和修订的内容，可以在【更改】组中选择接受或者拒绝，更改文档的具体操作步骤如下。

STEP1» 在【更改】组中单击【上一处修订】按钮或【下一处修订】按钮，可以定位到当前修订的上一条或下一条修订内容。

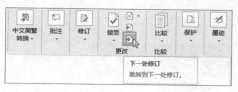

STEP2» 如果接受所有的意见，❶单击【接受】按钮→❷【接受所有修订】选项。

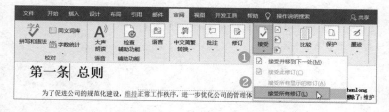

STEP3» 审阅完毕，单击【修订】组中的【修订】按钮，退出修订状态。根据建议将文档修改完毕后，保存更改后的文档。

3.4   财务管理制度，文档的保护与打印

3.4.1 保护文档

　　财务管理制度制作完成了，为了防止无关人员随意打开或者对文档进行修改，我们可以对文件进行保护操作，怎样设置保护文档呢？下面就来具体地介绍一下。

扫码看视频

　　保护文档的方法有 3 种：设置只读文档、设置加密文档和启动强制保护。这里重点介绍设置加密文档的方法，其他两种保护文档的方法读者可以扫描上方的二维码观看视频学习。设置加密文档的具体操作步骤如下。

STEP1» 打开本实例的原始文件，❶单击【文件】按钮，在弹出的界面中❷选择【信息】选项，❸单击【保护文档】按钮→❹【用密码进行加密】选项。

STEP2» 弹出【加密文档】对话框，在【密码】文本框中❶输入"123"，❷单击【确定】按钮。

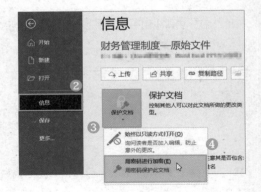

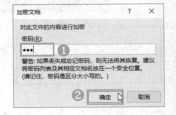

STEP3» 弹出【确认密码】对话框，❶再次输入"123"，❷单击【确定】按钮。

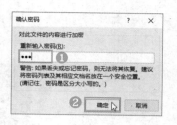

STEP4» 将文档保存后，再次打开文档时，会弹出【密码】对话框。❶输入密码"123"，❷单击【确定】按钮打开加密文档。

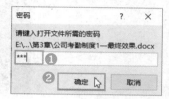

3.4.2 文档的打印

财务管理制度完成后，为了方便员工阅读和查看，需要将财务管理制度打印出来。在打印过程中会遇到哪些问题呢？下面就来具体地了解一下。

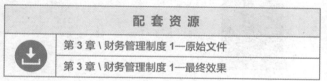

配 套 资 源		
第 3 章 \ 财务管理制度 1—原始文件		
第 3 章 \ 财务管理制度 1—最终效果		

扫码看视频

1. 预览打印效果

在打印文档前，为了不浪费纸张，要对文档进行打印预览，没有错误再进行打印。为了方便预览文档，可以将【打印预览和打印】选项添加到快速访问工具栏中，具体的操作步骤如下。

STEP1» 打开本实例的原始文件，❶单击【自定义快速访问工具栏】按钮，在弹出的下拉列表中❷选择【打印预览和打印】选项。

STEP2» 此时【打印预览和打印】按钮就被添加到了快速访问工具栏中。单击【打印预览和打印】按钮，弹出【打印】界面，其右侧显示了预览效果。

STEP3» 读者可以根据打印需要对相应选项进行设置，如果对预览效果满意，就可以单击【打印】按钮进行打印了。

2. 设置奇偶页不同时的双面打印

在提倡无纸化办公的今天，在打印文档时要减少纸张的浪费，所以需要对文档进行双面打印。为了预防打印的混乱，可以为文档设置奇偶页不同的双面打印，具体的操作步骤如下。

STEP1» 按照前面介绍过的方法打开【打印】界面，在【设置】下方❶单击【打印所有页】按钮，在弹出的下拉列表中❷选择【仅打印奇数页】选项。

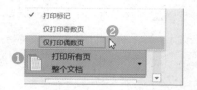

STEP2» 打印完奇数页后，将打印的纸张反过来重新放到打印机中，在【设置】下方❶单击【打印所有页】按钮，在弹出的下拉列表中❷选择【仅打印偶数页】选项进行打印。

3. 将 A4 页面的内容缩放打印到 B4 纸张上

　　使用打印缩放功能可以将一种尺寸的文档打印到另一种尺寸的纸张上，例如将 A4 页面的内容打印到 B4 纸张上。怎样才能在不需要更改排版样式的情况下将 A4 页面内容打印到其他纸张类型上呢？这里以将 A4 页面的文档打印到 B4 纸张上为例进行介绍，具体的操作步骤如下。

STEP» 按照前面介绍过的方法打开【打印】界面，在【设置】下方❶单击【A4】按钮，在弹出的下拉列表中❷选择【ISO B4 25.01 厘米 ×35.31 厘米】选项，单击【打印】按钮，在不改变排版的情况下将 A4 页面的文档打印到 B4 的纸张上。

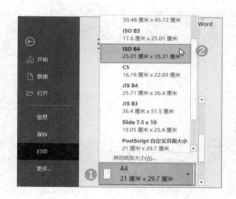

　　使用打印缩放功能还可以将多页文档缩放到一页上，在日常工作中，有时为了节省纸张或者携带方便，需要将文档的多个页面缩放至一页，具体操作请扫描本小节的二维码观看视频学习。

4. 页面背景打印不出来，如何解决

　　在制作财务管理制度时，我们给文档添加了一张背景图片，图片中包含了公司 Logo，但是在打印文档时，发现背景图片没有打印出来，遇到这种问题要怎样解决呢？打印页面背景的具体操作步骤如下。

STEP» ❶单击【文件】按钮，在弹出的界面中❷选择【选项】选项，弹出【Word 选项】对话框，❸切换到【显示】选项卡，在【打印选项】组合框中❹勾选【打印背景色和图像】复选框，❺单击【确定】按钮。

实战技巧

使用通配符进行模糊查找

在制作 Word 文档时，我们会遇到很多问题，有的需要进行查看，有的需要进行修改。如果一个个地操作，会浪费很多时间，这时就可以使用通配符进行模糊查找，具体的操作步骤如下。

STEP1» 打开文档，❶切换到【开始】选项卡，❷在【编辑】组中❸单击【查找】按钮，在弹出的下拉列表中❹选择【高级查找】选项。

STEP2» 弹出【查找和替换】对话框，❶单击【更多】按钮，在弹出的【搜索选项】组合框中❷勾选【使用通配符】复选框，在【查找内容】文本框中❸输入"*"（*号代表任意字符），读者可以根据自己的需要在❹【格式】和【特殊格式】下拉列表中设置相应的限定条件。

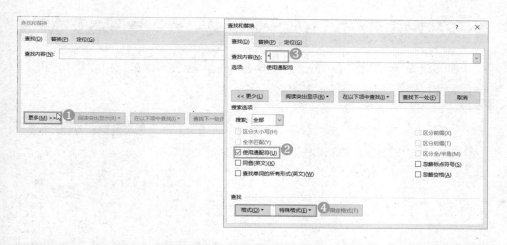

为文档添加水印

　　水印是指作为文档背景图案的文字或图像。在一些重要文件上添加水印，例如"机密""严禁复制"等字样，不仅可以让获得文件的人知道该文档的重要性，还可以告诉使用者文档的归属权。为文档添加水印的具体操作步骤如下。

STEP» 打开文档，❶切换到【设计】选项卡，在【页面背景】组中❷单击【水印】按钮，在弹出的下拉列表中选择合适的选项。如果不喜欢系统自带的水印，可以自定义水印，在弹出的下拉列表中❸选择【自定义水印】选项，在弹出的【水印】对话框中进行设置。

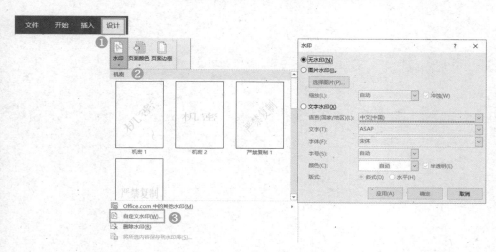

将文档内容分两栏排版

在阅读 Word 文档时，为了方便查看并减少翻页的次数，可以将文档的内容分为两栏进行排版，具体的操作步骤如下。

STEP》 打开文档，❶切换到【布局】选项卡，在【页面设置】组中❷单击【栏】按钮　栏，在弹出的下拉列表中❸选择【两栏】选项。

第2篇

找对方法，Excel工作得心应手

职场中，有些人在使用Excel时，效率低下、频频出错，这是因为没有找对方法。其实，只要我们稍微深入一点去学习Excel，就能找到解决问题的方法。这时，Excel不仅不会成为职场的绊脚石，还能成为工作晋升的"加速器"。

第 4 章

那些必会的

Excel 基础操作

- 复制粘贴有学问。
- 选中数据比谁快。
- 填充数据有妙招。
- 数据验证轻松会。

本章作为 Excel 部分的开篇，主要介绍 Excel 中那些常用但又容易被忽视的基础内容。地基打不牢，房子不结实。如果我们一味地追求那些高难度的技能，忽略了基础操作，工作效率就会在不知不觉中降低。

选择性粘贴、选中和填充数据等都是平时容易被忽视而应用频率又较高的基础操作，学好它们，把基础打牢，将日常工作效率提高，我们的工作技能才能持续精进。下面就让我们开启提升工作效率之旅吧。

4.1　员工工资表，你不知道的复制粘贴

4.1.1　使用运算粘贴，调整工龄工资

每到年初，财务人员都要对公司全体员工的工龄工资进行调整，因为工龄每增加一年，全体在职员工的工龄工资就需要加 100 元。

把【工龄工资】列的数据复制到一个新工作表中，新建一个【辅助】列（B 列），【辅助】列的数据都是 100。用加法公式计算出新的工龄工资，然后将【新工龄工资】列（C 列）的数据复制到原工资表中，替换旧的【工龄工资】列的数据。

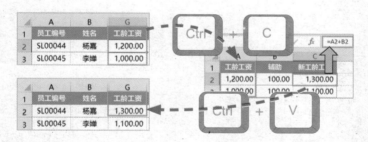

这个过程要经过很多步，不仅效率低，还容易出错。其实使用运算粘贴功能，在原表原列上就可以修改数据，让我们一起看看应该如何操作吧。

配 套 资 源
第 4 章 \ 12 月工资表—原始文件
第 4 章 \ 12 月工资表—最终效果

扫码看视频

STEP1» 打开本实例的原始文件，在工作表的任意空白单元格中❶输入"100"。选中输入 100 的单元格，❷按【Ctrl+C】组合键；❸选中【工龄工资】列数据，单击鼠标右键，在弹出的快捷菜单中❹选择【选择性粘贴】选项。

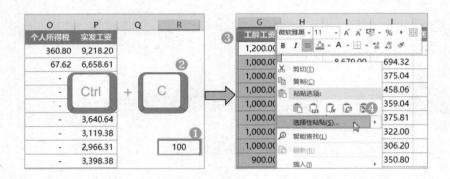

STEP2» 弹出【选择性粘贴】对话框，在【运算】组合框中❶选中【加】单选钮，❷单击【确定】按钮，将选中的【工龄工资】列数据都加 100。

　　在【选择性粘贴】对话框的【运算】组合框中，不仅可以进行加法运算，还可以进行减法、乘法、除法运算。这些运算可以灵活运用，例如右图中将 F 列的多少元转换为 G 列的多少万元。

F	G
元	万元
10,000.00	1.00
25,000.00	2.50
38,800.00	3.88

4.1.2　使用数值粘贴，只粘贴工资数值

除了需要调整工龄工资外，还需要统计全年的税前工资，以便申报、缴纳全年个人所得税，所以需要将员工每月的应发工资（即税前工资）单独建表统计，以往都是直接将【应发工资】列从"12 月工资表"复制粘贴到"税前工资统计表"的【应发工资】列。但是，粘贴完后，会发现数据出现错误，变成负数了。

这是什么原因造成的呢？原来，直接粘贴会将原单元格中的公式一并粘贴。这时候就需要使用【选择性粘贴】对话框中的【数值】选项，实现只粘贴数值，不粘贴公式。下面让我们一起看看该如何操作吧。

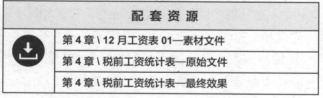

配 套 资 源
第 4 章 \ 12 月工资表 01—素材文件
第 4 章 \ 税前工资统计表—原始文件
第 4 章 \ 税前工资统计表—最终效果

扫码看视频

STEP» 打开本实例的原始文件，❶选中工资表中的【应发工资】列，❷按【Ctrl+C】组合键，❸将鼠标指针移到统计表中的【实发工资】列的首个单元格，单击鼠标右键，在弹出的快捷菜单中选择【选择性粘贴】选项。在弹出的【选择性粘贴】对话框中，在【粘贴】组合框中❹选中【数值】单选钮，❺单击【确定】按钮，❻对复制过来的数据格式和列标题进行修改。

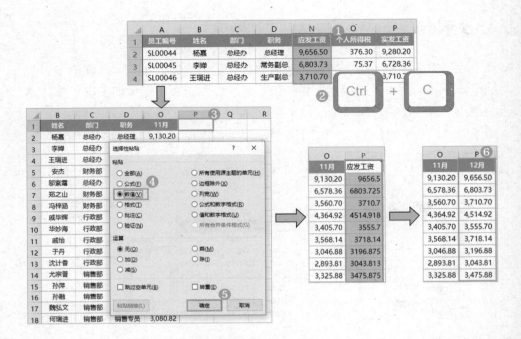

这样，数据就被正确地粘贴过来了，【选择性粘贴】对话框中的【数值】选项适用于只粘贴数值，不粘贴公式和格式的情况。

Tips

　　【选择性粘贴】对话框中还有【公式】【格式】【公式和数字格式】【值和数字格式】等选项，每个选项的意义就是它们的字面意思，分别为只粘贴公式、只粘贴格式、粘贴公式和数字格式、粘贴数值和数字格式等，其操作和应用【数值】选项是一样的，这里不一一展示，读者可以根据工作的具体需要选择使用。

4.2　销售明细表，快速选中数据

　　日常工作中，经常需要对销售明细表进行加工，例如统一字体、更改字号、设置新的格式等，这就需要快速选中整个或者部分数据区域。以前都是以拖曳的方法选中数据，如果需要选中多行数据，用这种方法效率会很低。

	A	C	D	E	J	K	L
1	销售日期	订单号	城市	销售人员	单价	数量	金额
2	2020-01-01	GG20200101	北京	高达	55	200	11,000.00
3	2020-01-01	GG20200102	上海	高达	48	50	2,400.00
4	2020-01-01	GG20200103		刘安娜	70	85	5,950.00
5	2020-01-01	GG20200749		高达	55	100	5,500.00
6	2020-01-01	GG20200750	上海	路小飞	55	150	8,250.00
738	2020-12-30	GG20200848	西安	陈梅梅	58	50	2,900.00
739	2020-12-31	GG20200849	广州	王萍	55	50	2,750.00
740	2020-12-31	GG20200850	青岛	路小飞	62	100	6,200.00

使用快捷键法或定位法选中数据，可以节省大量时间，提高工作效率。下面就让我们一起看看如何操作吧。

配 套 资 源
第 4 章 \ 销售明细表—原始文件
第 4 章 \ 销售明细表—最终效果

扫码看视频

4.2.1 快捷键法，选中整个明细表数据

STEP» 打开本实例的原始文件，❶单击 A1 单元格，按【Ctrl+Shift+→】组合键，❷选中首行单元格，按【Ctrl+Shift+↓】组合键，❸选中整个明细表数据。

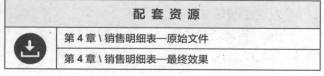

不到两秒就把整个明细表的数据都选中了，是不是快多了啊！只要找到窍门，Excel 里一些简单的小操作也有大作用。

Tips

如果最后一行有【合计】行，不想将其选中，可以按【Shift+ ↑】组合键，撤选一行；如果不想选中最后一列，可以按【Shift+ ←】组合键，撤选一列。

4.2.2 定位法，选中不同类型的工作表数据

除了快捷键法外，另一种方法是定位法（按【Ctrl+G】组合键或【F5】键即可使用定位功能），按照数据本身的类型来选中数据。当我们想要选择表格中某一类数据时，例如带有公式的数据，就可以使用定位法将它们选中，又快又准，具体的操作步骤如下。

选中带有公式的数据

STEP» 打开本实例的原始文件，❶单击工作表中的任意单元格，❷按【Ctrl+G】组合键，弹出【定位】对话框。❸单击【定位条件】按钮，弹出【定位条件】对话框，❹选中【公式】单选钮，❺单击【确定】按钮，带公式的数据就被选中了。

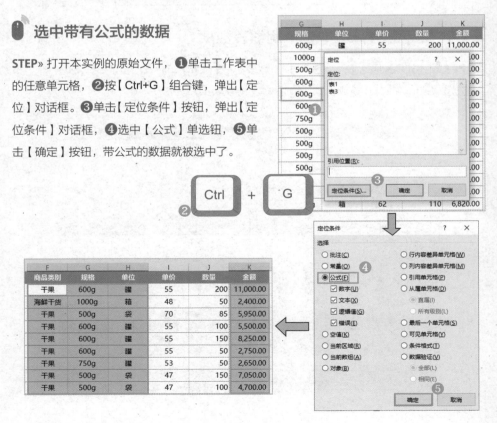

当想选中带公式的数字时，须在【定位条件】对话框中选中【公式】单选钮，只勾选【数字】复选框，取消勾选其他复选框，单击【确定】按钮。

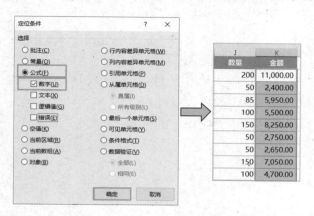

同样，想选中带公式的文本时，只要勾选【公式】单选钮下的【文本】复选框，然后单击【确定】按钮就可以了。

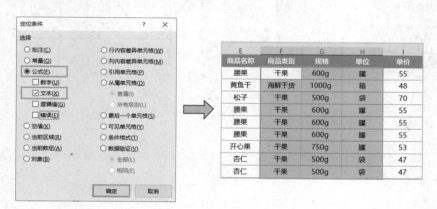

定位法，用复选框为自己进行私人定制，想选哪个类型的数据都能信手拈来。

选中常量

如果想要选中公式之外的数据，要怎么办呢？

可以通过选中常量（常量是指不会变动的数据）的方式来轻松实现。在【定位条件】对话框中选中【常量】单选钮，单击【确定】按钮后，就会将除公式外的数据（即常量）选中。

	A	B	C	D	E	F	G	H	I	J	K
1	销售日期	订单号	城市	销售人员	商品名称	商品类别	规格	单位	单价	数量	金额
2	2020-01-01	GG20200101	北京	高达	腰果	干果	600g	罐	55	200	11,000.00
3	2020-01-01	GG20200102	上海	高达	黄鱼干	海鲜干货	1000g	箱	48	50	2,400.00
4	2020-01-01	GG20200103	北京	刘安娜	松子	干果	500g	袋	70	85	5,950.00
5	2020-01-01	GG20200749	上海	高达	腰果	干果	600g	罐	55	100	5,500.00
6	2020-01-01	GG20200750	上海	路小飞	腰果	干果	600g	罐	55	150	8,250.00
7	2020-01-02	GG20200104	青岛	陈梅梅	腰果	干果	600g	罐	55	50	2,750.00
8	2020-01-02	GG20200105	上海	路小飞	开心果	干果	750g	罐	53	50	2,650.00
9	2020-01-03	GG20200734	广州	王萍	杏仁	干果	500g	袋	47	150	7,050.00
10	2020-01-03	GG20200106	北京	高达	杏仁	干果	500g	袋	47	100	4,700.00

选中整个数据区域

如果想要选中整个明细表数据区域，可以在【定位条件】对话框中选中【当前区域】单选钮，单击【确定】按钮。

销售日期	订单号	城市	销售人员	商品名称	商品类别	规格	单位	单价	数量	金额
2020-01-01	GG20200101	北京	高达	腰果	干果	600g	罐	55	200	11,000.00
2020-01-01	GG20200102	上海	高达	黄鱼干	海鲜干货	1000g	箱	48	50	2,400.00
2020-01-01	GG20200103	北京	刘安娜	松子	干果	500g	袋	70	85	5,950.00
2020-12-31	GG20200849	广州	王芹	腰果	干果	600g	罐	55	50	2,750.00
2020-12-31	GG20200850	青岛	路小飞	鱿鱼丝	海鲜干货	2000g	箱	62	100	6,200.00

4.3　应付账款明细表，快速填充数据

有一项简单的任务：补充和完善应付账款明细表里的数据。不熟悉 Excel 的人通常会通过按键盘上的数字键一个个认真地填写数据。

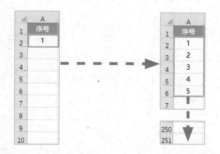

当需要补充的数据很多时，这样做工作效率可太低了。其实，只要学会一个简单的填充功能，就能快速填写数据。

4.3.1　快速填充序列、文本和公式

填充序列

配套资源
第 4 章 \ 应付账款明细表—原始文件
第 4 章 \ 应付账款明细表—最终效果

扫码看视频

STEP» 打开本实例的原始文件，在A3单元格❶输入序号"2"。选中单元格A2和A3，将鼠标指针放在A3单元格的右下角，当鼠标指针变成黑色"十"字形状时，双击，❷将序列填充到表格底部。

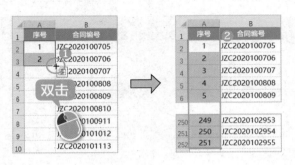

Tips

若只填写第一行的序号"1"，双击后，系统会将后面的序号全部填充为"1"，这样就无法正确填充序号。所以要填写两个序号，让 Excel 知道按什么规则填充，这样才能得到想要的序列。

填充文本

文本的填充就更简单了，填充好首行后，将鼠标指针置于单元格右下角，待其变为黑色"十"字形状时，直接双击即可。

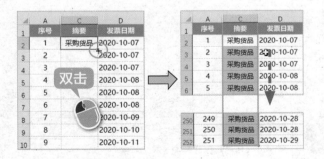

填充公式

公式的填充和文本填充一样，填充好首行后，将鼠标指针置于单元格右下角，待其变为黑色"十"字形状时，直接双击即可。

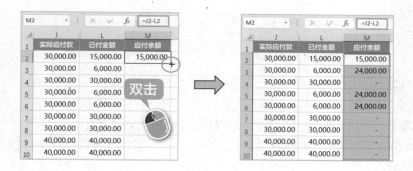

Tips

　　常用的填充方法除了双击法外，还有拖曳法：将鼠标指针置于单元格右下角，待其变为黑色"十"字形状时，按住鼠标左键，可以向 4 个方向（向下、向上、向左或向右）拖曳填充。

4.3.2 智能填充，快速提取或合并数据

　　填充还有一项非常好用的技能，就是智能填充：按【Ctrl+E】组合键，可以提取数据或合并数据。下面将分别演示填充的效果。

配　套　资　源
第 4 章 \ 智能填充—原始文件
第 4 章 \ 智能填充—最终效果

扫码看视频

🖱 提取数据

STEP» 打开本实例的原始文件，在 C2 单元格中❶输入 B2 单元格包含的关键词"80"，单击 C2 单元格，❷按【Ctrl+E】组合键，即可参照 C2 单元格中的数据填充余下的数据。

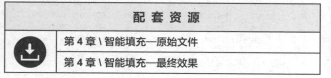

这样金额数据就被轻松提取出来了，是不是又快又准呢？下面我们再看看如何利用填充合并数据吧！

合并数据

STEP» ❶在 G2 单元格中输入第一行多个字段合并后的数据（注意一定要对照 B2 到 F2 单元格内容正确填写，不能写错），单击 G2 单元格，❷按【Ctrl+E】组合键，❸余下各行的数据将自动完成填充。

	A	B	C	D	E	F	G
1	序号	人员	报销	项目	金额	单位	报销事项
2	1	高达	报销	打车费	80	元	高达报销打车费80元
3	2	路小飞	报销	电话费	40	元	
4	3	李小纯	报销	加班餐费	108		
5	4	王玲	报销	办公用			
6	5	陈萍	报销	劳保用			
7	6	赵也	报销	招待			
8	7	刘安安	报销	打车费	55	元	

Ctrl + E

	A	B	C	D	E	F	G
1	序号	人员	报销	项目	金额	单位	报销事项
2	1	高达	报销	打车费	80	元	高达报销打车费80元
3	2	路小飞	报销	电话费	40	元	路小飞报销电话费40元
4	3	李小纯	报销	加班餐费	108	元	李小纯报销加班餐费108元
5	4	王玲	报销	办公用品费	48	元	王玲报销办公用品费48元
6	5	陈萍	报销	劳保用品费	72	元	陈萍报销劳保用品费72元
7	6	赵也	报销	招待费	398	元	赵也报销招待费398元
8	7	刘安安	报销	打车费	55	元	刘安安报销打车费55元

4.4　员工信息表，数据验证让输入数据更规范

4.4.1　单击下拉列表，输入信息

在日常工作中，经常会遇到需要各部门协助完成的工作，但通常会因为没有统一的标准导致数据不规范。例如下图各部门协助填写的"员工信息表"，婚姻状况和学历填得五花八门，部门和岗位也填写得不统一。怎么办呢？

	A	B	C	D	E	F	G
1	员工编号	姓名	部门	岗位	性别	婚姻状况	学历
2	SL0001	许眉	总经办	总经理	男	已婚已育	大学本科
3	SL0002	曹亦寰	总经办	常务副总	女	已育	本科
4	SL0003	华立辉	总经办	副总	女	已婚未育	硕士
5	SL0004	张芳	总经办	总工程师	女	已婚已育	硕士研究生
6	SL0005	施树平	生产部	经理		离异已育	大学专科
7	SL0006	褚宗莉	生产				专科
8	SL0007	戚可	生产部	计划		未婚未育	大学专科
9	SL0008	吴苹	生产部	组长	男	未婚未育	大学专科
10	SL0009	卜梦	技术部	经理	男	未育	大学本科

数据不统一

　　其实只要学会设置下拉列表，填表的人就只能从下拉列表中进行选择，不能随意填写，这样就能防止填写不规范的情况出现了。

配 套 资 源	
第 4 章 \ 员工信息表—原始文件	
第 4 章 \ 员工信息表—最终效果	

扫码看视频

一级下拉列表

STEP1» 打开本实例的原始文件，选中【婚姻状况】列的数据，按【Delete】键，❶清除内容。❷新建一个工作表，命名为"参数表"，❸将【婚姻状况】列需要填写的所有情况写出来，作为参数区域，这个参数区域会应用到下拉列表的选项中。

参数区域

STEP2» ❶选中【婚姻状况】列的数据区域，❷切换到【数据】选项卡，在【数据工具】组中❸单击【数据验证】按钮→❹【数据验证】选项，弹出【数据验证】对话框。在【允许】下拉列表框中❺选择【序列】选项，在【来源】下拉列表框中❻选择之前设置好的婚姻状况的参数区域，❼单击【确定】按钮，返回到【婚姻状况】列数据区域的首个单元格 F2，❽单击 F2 单元格右下角的下拉按钮，可以看到下拉列表中已经设置好的选项。

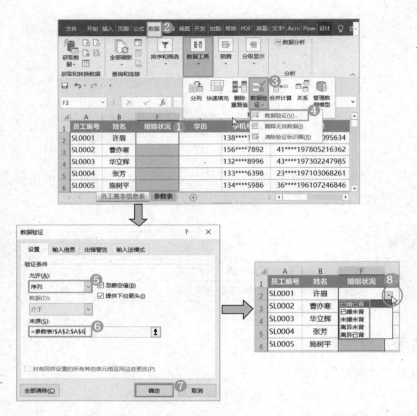

【学历】列下拉列表的设置也是同样的道理，此处不展示具体步骤，最终效果如右图所示。

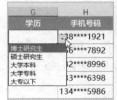

二级联动下拉列表

【婚姻状况】和【学历】列这样设置就方便多了，但是部门和岗位之间是存在一定从属关系的，每个部门下的岗位名称和数量都是规定好的，这又要怎么设置呢？

当存在从属关系时，可以使用二级联动下拉列表，让部门和岗位之间产生二级联动。例如部门选了【财务部】，它后面的岗位就只能从财务部的岗位中选择。

下面一起看看如何制作二级联动下拉列表吧。

STEP1» 打开本实例的原始文件，选中【部门】和【岗位】列数据，按【Delete】键，❶清除内容。❷【部门】列下拉列表的设置方法和【婚姻状况】列是一样的，这里不展示具体步骤。

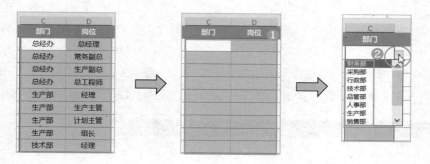

STEP2» 选中【部门】和【岗位】参数区域，❶按【Ctrl+G】组合键，弹出【定位】对话框。❷单击【定位条件】按钮，弹出【定位条件】对话框，❸选中【常量】单选钮，❹单击【确定】按钮，将空白单元格排除在外。

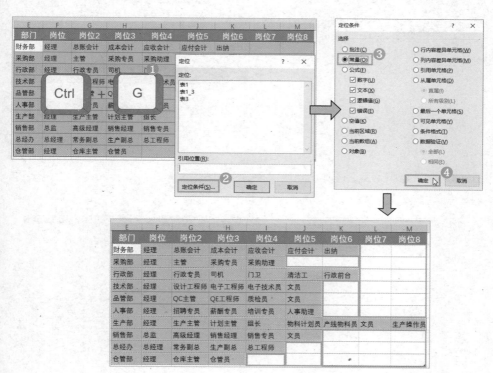

Tips

为什么要排除【部门】和【岗位】参数区域的空白单元格呢？

因为如果有空白单元格，下拉列表中就会有空白选项，这不是我们所期望的，所以提前使用定位功能选中【常量】单选钮，排除空白单元格。

STEP3» ❶切换到【公式】选项卡，在【定义的名称】组中❷单击【根据所选内容创建】按钮，弹出【根据所选内容创建】对话框。❸勾选【最左列】复选框，❹单击【确定】按钮。

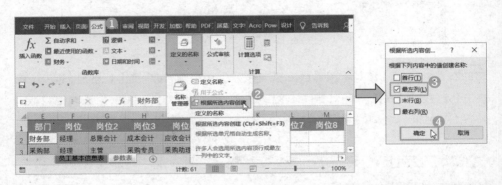

STEP4» ❶切换到【公式】选项卡，❷单击【名称管理器】按钮，可以看到各岗位都定义到对应的部门下了。

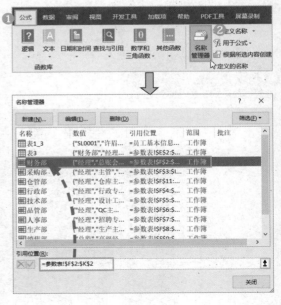

STEP5» 选中【岗位】列的数据区域，按照前面介绍的方法打开【数据验证】对话框，按下图所示操作，可以看到二级下拉列表中已经设置好各选项。

【岗位】列的【来源】是"=INDIRECT(C2)"，其中"INDIRECT"是一个间接引用函数，表示间接引用对应【部门】下定义的岗位。INDIRECT 函数的语法规则如下。

> INDIRECT(字符串表示的单元格地址，引用方式)

①第一个参数是字符串表示的单元格地址。注意该函数转换的对象是一个文本字符串，这个文本字符串必须是能够表达为单元格或单元格区域的地址。INDIRECT 函数转换的结果是返回对这个字符串所代表的单元格或单元格区域的引用。如果是一个单元格，则会得到对应单元格的值；如果是一个单元格区域，结果就不定了，可能是一个值也可能是错误值。此处使用的 INDIRECT(C2)，参数是一个单元格，表明引用单元格的值。

②第二个参数是引用方式。如果忽略或者输入"TRUE"，表示 A1 引用方式（就是常规方式，列标是字母，行号是数字）；如果输入"FALSE"，表示 R1C1 引用方式（此时的列标和行号都是数字，例如 R1C2 表示第 1 行第 2 列）。此处使用的是 INDIRECT(C2)，所以用的是 A1 引用方式。

4.4.2 身份证号不满 18 位，Excel 自动报错

身份证号很长，填写数据时若不小心缺了一两位数，很难发现。有没有什么办法可以规避这个问题呢？

其实，Excel 中具有一项自动报错功能，当填错数据时，可以立即提示填写错误。下面就一起看看如何使用这项功能吧。

配 套 资 源	
第 4 章 \ 员工信息表 01—原始文件	
第 4 章 \ 员工信息表 01—最终效果	

扫码看视频

STEP1» 打开本实例的原始文件，选中【身份证号】列的内容，❶切换到【数据】选项卡，在【数据工具】组中❷单击【数据验证】按钮→❸【数据验证】选项，弹出提示框，❹单击【确定】按钮。

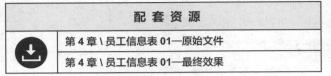

STEP2» 在弹出的【数据验证】对话框中，按下图所示操作。

STEP3» 在单元格中输入身份证号，只要填错位数就会弹出出错警告对话框。单击【否】按钮，重新输入正确的位数。

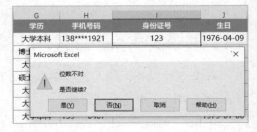

出错警告不仅适用于身份证号码的填写，还适用于其他数据的填写，读者可灵活使用。

4.4.3 手机号码自动分段显示

手机号码有点儿长，不方便读取，有什么办法可以将其设置成分段显示呢？例如设置成"123-4567-8910"这样便于日常读取的格式。

其实只要将【手机号码】列的单元格格式进行自定义设置就可以达到这个效果，具体的操作步骤如下。

配 套 资 源
第 4 章 \ 员工信息表 02—原始文件
第 4 章 \ 员工信息表 02—最终效果

扫码看视频

STEP1»打开本实例的原始文件，选中【手机号码】列的数据，❶切换到【开始】选项卡，在【数字】组中❷单击【数字格式】下拉按钮，在弹出的下拉列表中❸选择【其他数字格式】选项，弹出【设置单元格格式】对话框。切换到【数字】选项卡，在【分类】列表框中❹选择【自定义】选项，在【类型】文本框中❺输入"000-0000-0000"，❻单击【确定】按钮。

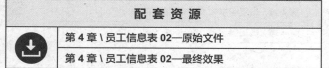

STEP2» 在单元格中输入手机号码，输入结束后，可以看到手机号码自动分段显示，表明自定义设置成功。

4.4.4　禁止录入重复的姓名

员工信息表中的【姓名】列因人数众多，容易出现重复录入而难以察觉的问题，该如何避免呢？

其实只要在录入前，提前设置输入限制就可以了，具体的操作步骤如下。

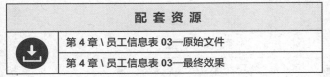

配 套 资 源
第 4 章 \ 员工信息表 03—原始文件
第 4 章 \ 员工信息表 03—最终效果

扫码看视频

STEP1» 打开本实例的原始文件，选中【姓名】列的数据。❶切换到【数据】选项卡，在【数据工具】组中❷单击【数据验证】按钮，在弹出的下拉列表中❸选择【数据验证】选项，弹出【数据验证】对话框。在【允许】下拉列表框中❹选择【自定义】选项，在【公式】文本框中❺输入"=COUNTIF（$B$2:B2,B2)=1"（此公式的意思是相同名字在此列只出现一次），❻单击【确定】按钮。（关于 COUNTIF 函数的解析参见 7.3.2 小节。）

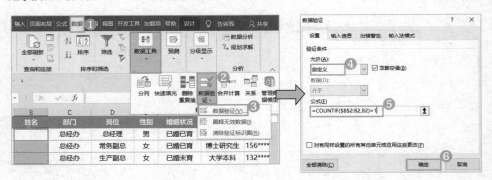

STEP2» 在【姓名】列输入相同的两个名字，输入结束后，Excel 弹出提示信息，表明设置成功。

实战技巧

快速填充相同内容

想要快速填充相同的内容，有一个小窍门，就是利用【Ctrl+Enter】组合键。下面以向【摘要】列填充"采购货品"为例进行说明，具体的操作步骤如下。

STEP» ❶选中【摘要】列中需填充相同内容的单元格，在编辑栏中❷输入"采购货品"，❸按【Ctrl+Enter】组合键，将选中的单元格全部填充为"采购货品"。

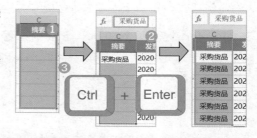

利用记忆功能快速输入数据

重复输入相同内容着实浪费时间，有没有什么办法可以让 Excel 拥有"记忆"，减少重复输入的工作量呢？有的。只要在录入前提前进行相应设置就可以，具体的操作步骤如下。

STEP1» ❶单击【文件】按钮→❷【选项】选项，在弹出的【Excel 选项】对话框中❸选择【高级】选项卡，❹勾选【为单元格值启用记忆式键入】和【自动快速填充】复选框，❺单击【确定】按钮。

STEP2» 在第一行单元格中输入"北京市海淀区五道口"，在第二行单元格中只需输入"北京市"，后面的内容就自动显示出来了。

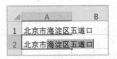

输入以0开头的数据

工作中经常会遇到一个很常见的问题，当输入以 0 开头的数据时，前面的 0 会被"吃掉"，那需要让"0"完好地显示时应该如何设置呢？方法是将单元格格式设置成文本格式后再输入，具体的操作步骤如下。

STEP1» ❶选中需要输入"0"的单元格区域，❷切换到【开始】选项卡，在【数字】组中❸单击对话框启动器按钮 。在弹出的【设置单元格格式】对话框中的【分类】列表框中❹选择【文本】选项，❺单击【确定】按钮。

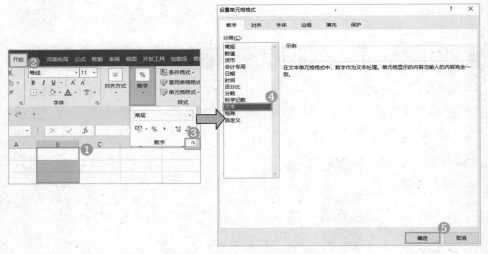

STEP2» 现在输入 3 个以 0 开头的数字，可以正确显示。

让他人只能编辑工作表中的指定区域

如果工作表中有部分内容不想被其他人修改，该怎么办呢？设置保护工作表就能避免工作表被他人修改了，具体的操作步骤如下。

STEP1» 选中需要保护的内容，按下图所示操作。

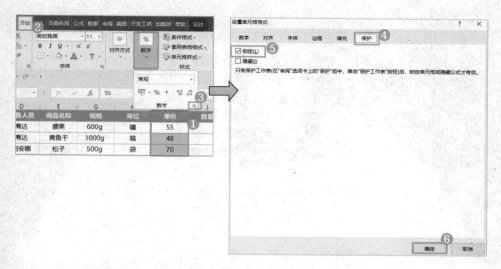

STEP2» 切换到【审阅】选项卡，按下图所示操作即可。

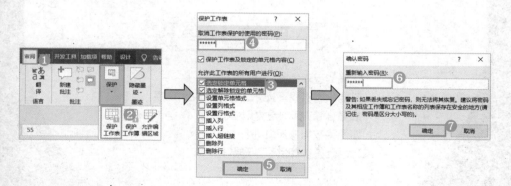

STEP3» 修改【单价】列下的第一个单元格数据，系统会提示该单元格受到保护。

5

第 5 章

表格"脏又乱"，
快速批量整理

- 正确的建表思维是什么？
- 不要小看查找替换，它可以解决大麻烦。
- 批量删除 / 标记重复记录。
- 如何将数据快速分列？
- 巧用定位功能批量整理数据。

在日常工作中，时常会出现数据错误、重复记录、不该放在一起的数据却合并了等表格问题。有没有办法能让我们整理表格数据时又快又准确呢？

5.1　正确的建表思维

在学习表格整理技巧前，我们先来学习什么是正确的建表思维。

为什么要先学习正确的建表思维呢？这是因为正确的建表思维能帮助我们少走弯路，还能减少后期诸多不必要的表格整理工作，从根本上预防大部分表格问题的出现。

5.1.1　Excel 表格的分类

从分析数据的角度分类

Excel 表格从分析数据的角度可分为一维表、二维表、三维表等。此处重点介绍常见的一维表和二维表。

一维表的特点：每个数据只有一个对应项目，每一列都是独立参数。

二维表的特点：每个数据都有两个对应项目，每一列都是同类参数。

	销售日期	订单号	销售人员	商品名称	单位	销售单价	销售数量	销售金额
1		A	C	E	F	H	I	J	K
2	2020-06-01	GG20200601	高高	松子	袋	80	2000	160,000.00
3	2020-06-02	GG20200602	Sophi		袋	40	1500	60,000.0
4	2020-06-03	GG20200603	小纯		袋	108	500	54,000.00
5	2020-06-04	GG20200604	玲珑	榛子	袋	48	1000	48,000.00

一维表

项目	松子	核桃	新鲜腰果	榛子	葡萄干	销售金额
6月销售考核表						
高高	300,000.00	24,000.00		24,000.00	-	538,000.00
Sophie	-	60,000.00			80,000.00	336,600.00
小纯	88,000.00	-		000.00	-	380,000.00
玲珑	-	20,000.00		48,000.00	44,000.00	153,300.00

二维表

从用途的角度分类

Excel 表格从用途角度可分为两种：明细表和报表。

明细表一般是一维表，是用来存储数据的。

报表一般是二维表，是报送给领导或者其他部门的。明细表和报表有不同的特点。

从二者的特点中，可以看出一个很重要的信息：报表是从明细表生成的，明细表是一手资料，通常不提供给其他人看，只供制表人自己留存。所以我们要把明细表制作规范，在规范的明细表的基础上加工出来的报表才能具有更大的作用。那么制作明细表有什么要点呢？下面一一进行介绍。

5.1.2　制作明细表的要点

明细表如果是从系统导出的，那么它一般是标准的，制作明细表有哪些要点呢？

结构简单：明细表是一维表，结构越简单，越便于后期汇总数据。

不使用合并单元格：若明细表中含有合并的单元格，那么将无法使用数据透视表进行数据统计。

字段的排列顺序要合理：关键字段要靠前放，紧密相关的字段要排在一起。

字段的内容拆分到最末级：一定要将字段拆分到不能再分为止。

字段的设置从一开始就要尽量考虑全面：将可能有用的字段全部填写进明细表。

5.1.3　明细表和报表的存放

明细表和报表应严格区分，并存放在不同的工作簿。

明细表是一手数据，要保存好。加工报表时，要养成不改变明细表数据的好习惯。

明细表不用来对外汇报，只是制表人存放数据的表格。在给他人发送报表时，注意不要泄露明细表中的数据，不然可能会泄露公司信息。

5.2　员工信息表，查找和替换解决大麻烦

配　套　资　源
第 5 章 \ 员工信息表—原始文件
第 5 章 \ 员工信息表—最终效果

扫码看视频

5.2.1 学会查找，不必"大海捞针"

员工信息表经常会发生变化，所以需要及时修改。例如，员工"曹旭东"刚刚结婚了、"严文涛"岗位变动了、"张会"换了手机号码等，在近 300 行员工信息中，如果一个个找到他们的信息进行修改，就太浪费时间了，该怎么办呢？

其实，使用查找功能便能迅速锁定目标，再也不用"大海捞针"。一起看看该如何操作吧。

STEP» 打开本实例的原始文件，❶单击工作表的任意单元格，❷按【Ctrl+F】组合键，弹出【查找和替换】对话框，在【查找内容】文本框中❸输入"曹旭东"，❹单击【查找全部】按钮，❺ Excel 将【曹旭东】的信息查询出来，接下来就可以修改他的婚姻状况了。

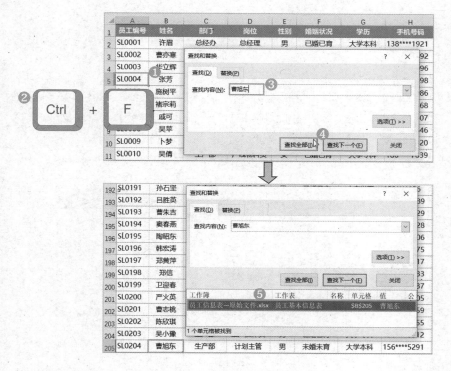

查找其他员工的信息也是同样道理。

5.2.2 用好替换，批量修改数据

　　当部门名称由"人事部"改为"人力资源部"时，就需要批量修改部门名称，如果还使用查找功能一个个地修改就太费时费力了。

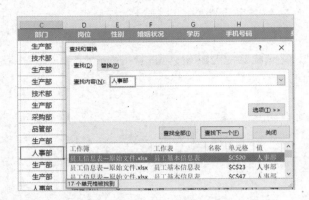

　　这时就需要使用查找功能的好"兄弟"——替换功能。用它可以进行批量替换。

STEP» 打开本实例的原始文件，❶单击工作表中的任意单元格，❷按【Ctrl+F】组合键，弹出【查找和替换】对话框。❸切换到【替换】选项卡，在【查找内容】文本框中❹输入"人事部"，在【替换为】文本框中❺输入"人力资源部"，❻单击【全部替换】按钮，将"人事部"全部替换为"人力资源部"，替换完成后弹出提示框❼提示共完成 17 处替换。

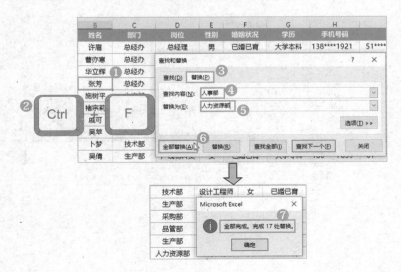

当需要将"人力资源部"改成"人力部"时，还有一个更简单的修改方法：在【查找内容】文本框中输入"资源"，在【替换为】文本框中什么也不输，然后单击【全部替换】按钮。这是将替换功能当作批量删除功能来使用。

用替换功能还可以批量删除空格、标点符号等内容。

5.3　员工信息表，批量删除/标记重复数据

有时员工信息表会因为一些误操作而出现重复数据，怎样删除这些重复数据，只保留一条数据呢？

	A	B	C	D	F	G	H
1	员工编号	姓名	部门	岗位	婚姻状况	学历	手机号码
2	HW0001	许眉	总经办	总经理	已婚已育	大学本科	138****1921
3	HW0002	曹亦寒	总经办	营务副总	已婚已育	博士研究生	156****7892
4	HW0002	曹亦寒	总经办	重复数据	已婚已育	博士研究生	156****7892
5	HW0002	曹亦寒	总经办	吊务副总	已婚已育	博士研究生	156****7892
6	HW0003	华立辉	总经办	生产副总	已婚已育	大学本科	132****8996
7	HW0004	张芳	总经办	重复数据	已育	硕士研究生	133****6398
8	HW0004	张芳	总经办		已育	硕士研究生	133****6398

其实用删除重复值功能就可以轻松删除重复数据。观察员工信息表各项目，可以发现员工编号是唯一的，所以就以【员工编号】这一列为对象来进行删除重复数据的操作。

下面一起看看该如何操作吧。

配 套 资 源	
	第 5 章 \ 员工信息表 01—原始文件
	第 5 章 \ 员工信息表 01—最终效果

扫码看视频

STEP » 打开本实例的原始文件，单击工作表中的任意单元格，❶切换到【数据】选项卡，在【数据工具】组中❷单击【删除重复值】按钮，弹出【删除重复值】对话框。❸单击【取消全选】按钮，❹勾选【员工编号】复选框，❺单击【确定】按钮。重复记录全部删除后会弹出提示框❻给出相应信息。

Excel 还有一项非常实用的功能，可以用颜色突出显示重复值。这样一眼就能看出哪些是重复值，方便数据的后续加工。

下面一起看看该如何操作吧。

配 套 资 源
第 5 章 \ 员工信息表 02—原始文件
第 5 章 \ 员工信息表 02—最终效果

扫码看视频

STEP » 打开本实例的原始文件，❶选中【员工编号】列，❷切换到【开始】选项卡。❸单击【条件格式】按钮，在弹出的下拉列表中❹选择【突出显示单元格规则】选项，在弹出的级联菜单中❺选择【重复值】选项，在弹出的【重复值】对话框中保持默认设置不变，❻单击【确定】按钮❼将重复值用粉色填充突出显示出来。

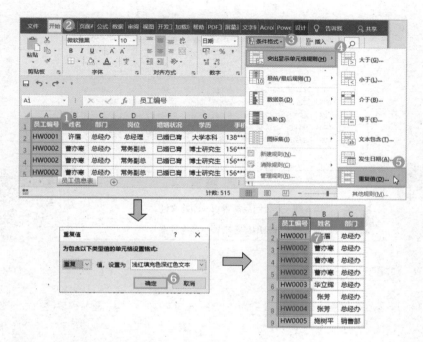

这样，重复数据就被突出显示出来了。这里的颜色是默认的，如果需要使用其他颜色，可以在【重复值】对话框中设置。

Tips

如果不想突出显示重复数据，可以取消突出显示。方法是，单击工作表中的任意单元格，切换到【开始】选项卡，单击【条件格式】按钮，在弹出的下拉列表中选择【清除规则】→【清除此表的规则】选项。

5.4 办公用品需求表，将数据快速分列

办公用品需求表中部门和用品名称、数量和单位合并填写在一列，不便于统计，也没办法进行后续采购，这可怎么办呢？

其实，用分列功能就可以轻松解决。

	序号	申请人	申请时间	需求部门	需求部门名称	数量单位	需求时间
1							
2	001	严雅瑄	2020-09-16	财务部	财务部，印泥	2个	2020-10-01
3	002	卫玉兰	2020-09-16	财务部	财务部，印油	2瓶	2020-10-01
4	003	吕采绿	2020-09-16	财务部	财务部，告事贴	5本	2020-10-01
5	004	谷梁娣	2020-09-16	财务部	财务部，笔记本	5本	2020-10-01
6	005	周溶艳	2020-09-16	财务部	财务部，大头针	6盒	2020-10-01
7	006	孙石坚	2020-09-17	销售部	销售部，订书针	6包	2020-10-02
8	007	王婷	2020-09-18	销售部	销售部，回形针	6盒	2020-10-03
9	008	褚朝阳	2020-09-19	销售部	销售部，打印纸	2包	2020-10-04
10	009	陈丹珍	2020-09-20	销售部	销售部，圆珠笔	1个	2020-10-05

配 套 资 源
第 5 章 \ 办公用品需求表—原始文件
第 5 章 \ 办公用品需求表—最终效果

扫码看视频

5.4.1 按照固定宽度分列

STEP1» 打开本实例的原始文件，在【数量单位】列后❶插入【列 1】用于存放分列后的数据。
❷选中【数量单位】列，❸切换到【数据】选项卡，在【数据工具】组中❹单击【分列】按钮，
在弹出的文本分列向导对话框中❺选中【固定宽度】单选钮，❻单击【下一步】按钮。

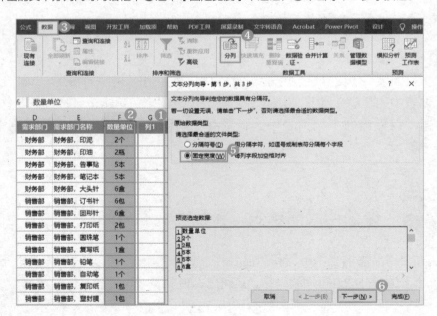

STEP2» ❶在【数据预览】列表框中要分列的地方单击，会出现一根黑色带箭头的线，这根线将一列内容分隔成两部分，❷单击【下一步】按钮。

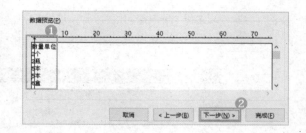

STEP3» 保持默认设置不变，❶单击【完成】按钮，弹出提示框，❷单击【确定】按钮，❸将数据分列，修改项目名称，完成分列操作。

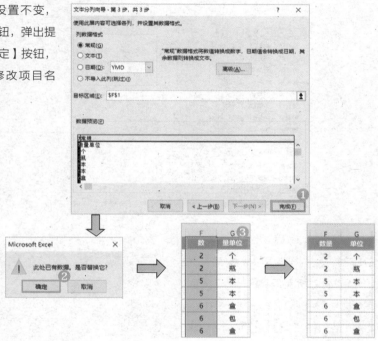

5.4.2 按照分隔符号分列

数量和单位合并的列分开了，那部门和名称合并的列该怎么分开呢？虽然也可以使用固定宽度分列这种方法，但还有一种使用分隔符号的方法，在这里比固定宽度分列法更合适。一起看看如何操作吧。

STEP1» 按照分隔符号分列。打开本实例的原始文件，❶选中【需求部门名称】列，❷切换到【数据】选项卡，在【数据工具】组中❸单击【分列】按钮（【需求部门名称】列后不需插入新列，这是因为合并列中的部门与项目中的已有的部门重复，可在分列的过程中直接删除合并列中的部门），弹出文本分列向导对话框。默认选中【分隔符号】单选钮，不用修改，❹单击【下一步】按钮。

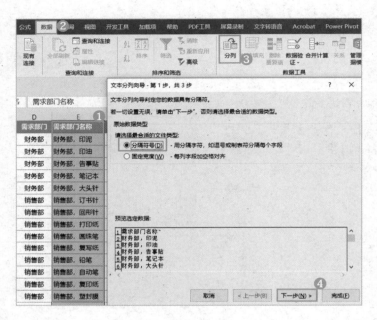

STEP2》 一列内容被分隔成两部分。在【分隔符号】组合框中❶勾选【其他】复选框，在后面的文本框中输入中文状态的","。这时【数据预览】列表框中会出现一根黑线，将一列内容分隔成两部分（分隔符号中有【逗号】这个选项，为什么不直接勾选呢？因为这个逗号是英文状态的逗号，不是表格中的中文逗号），❷单击【下一步】按钮。

STEP3》 删除不需要的部分，完成分列。在【列数据格式】组合框中❶选中【不导入此列（跳过）】单选钮，其他默认设置保持不变，❷单击【完成】按钮，❸将数据分列，❹修改项目名称和格式，完成分列操作。

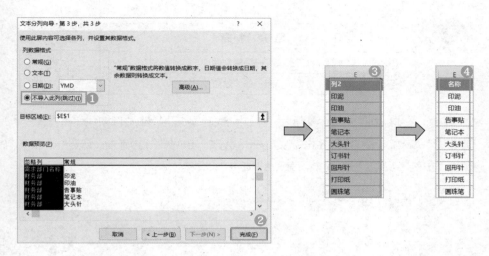

不应该合并的数据分列完成。下一节将要介绍巧用定位功能批量整理数据,让我们一起看看吧。

5.5 工资表,巧用定位功能批量整理数据

5.5.1 批量将空值修改为"0"

有时会发现工资表填写得不规范,很多单元格是空值。

	A	B	C	D	E	F	G	H
1	员工编号	姓名	部门	职务	基本工资	绩效工资	工龄工资	全勤奖
2	HW0001	许眉	总经办	总经理	9,000.00		1,200.00	200.00
3	HW0002	曹亦寨	总经办	常务副总	7,000.00	630.00	1,000.00	
4	HW0003	华立辉	总经办	生产副总	7,000.00		1,000.00	200.00
5	HW0004	张芳	总经办	总工程师	7,000.00	245.70	1,000.00	
6	HW0017	孔向萍	总经办	高级经理	6,000.00			200.00
7	HW0018	魏金花	销售部	销售经理	6,000.00	222.50	900.00	
8	HW0016	冯馨语	销售部	总监	6,500.00		900.00	200.00
9	HW0019	朱功碧	销售部	销售专员	2,700.00	213.30		200.00
10	HW0020	钱如霜	销售部	销售专员	3,400.00		900.00	200.00

经过核实得知这些空着的单元格都应该填写"0"。这些空值的存在,是不便于数据后期处理的。

如何才能快速将这些空值都修改为"0"呢?

用定位功能,把工资表中的所有空值都选中,然后批量修改为"0"。下面看看该如何操作吧。

配 套 资 源
第 5 章 \ 员工工资表—原始文件
第 5 章 \ 员工工资表—最终效果

扫码看视频

STEP1» 打开本实例的原始文件，❶单击工作表中的任意单元格，❷按【Ctrl+G】组合键，弹出【定位】对话框。❸单击【定位条件】按钮，弹出【定位条件】对话框。❹选中【空值】单选钮，❺单击【确定】按钮，将所有空值都选中。

STEP2» 在选中的任意空值中❶输入"0"，❷按【Ctrl+Enter】组合键，将所有空值都填充为"0"。（注意，下图使用的是会计专用格式，所以显示为"-"。）

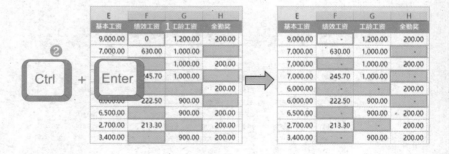

5.5.2 批量删除【小计】行

　　有时，工资表数据中还会出现【小计】行，不便于数据的后期处理。如何能快速删除【小计】行呢？

	A	B	C	D	E	F	N	O	P
1	员工编号	姓名	部门	职务	基本工资	绩效工资	应发工资	个人所得税	实发工资
2	HW0001	许眉	总经办	总经理	9,000.00	-	8,060.00	201.00	7,859.00
3	HW0002	曹亦寒	总经办	常务副总	7,000.00	630.00	6,688.25	63.83	6,624.42
4	HW0003	华立辉	总经办	生产副总	7,000.00	-	6,355.00	40.65	6,314.35
5	HW0004	张芳	总经办	总工程师	7,000.00	245.70	6,390.42	41.71	6,348.71
6	HW0017	孔向萍	总经办	高级经理	6,000.00		4,805.00		4,805.00
7	小计								31,951.48
8	HW0050	姜幻波	采购部	采购专员	3,800.00	368.60	3,695.67	-	3,695.67
9	HW0051	魏鑫磊	采购部	采购专员	2,500.00	205.00	2,716.38		2,716.38
10	HW0052	耿琳	采购部	采购助理	3,800.00	460.80	3,844.62		3,844.62
11	HW0053	齐黄康	采购部	采购助理	3,500.00	752.00	3,837.80		3,837.80
12	HW0073	卫玉兰	采购部	采购助理	3,500.00	280.00	3,394.50		3,394.50
13	小计								17,488.96

这时也可以使用定位功能进行批量删除。观察【小计】行,会发现它就是空值所在行,因此可以先定位空值,再删除空值所在行,具体的操作步骤如下。

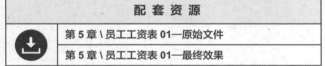

	配 套 资 源
	第 5 章 \ 员工工资表 01—原始文件
	第 5 章 \ 员工工资表 01—最终效果

扫码看视频

STEP1» 打开本实例的原始文件,定位空值(步骤同前,此处不重复叙述)。

STEP2» 在空值单元格处❶单击鼠标右键,在弹出的快捷菜单中❷选择【删除】选项。在弹出的【删除】对话框中❸选中【整行】单选钮,❹单击【确定】按钮,将【小计】行删除。

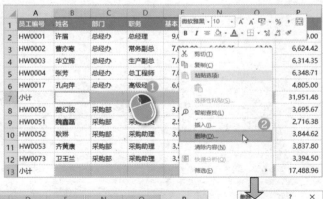

5.5.3 清除数据，只保留公式模板

小李的公司每隔半年就会定期调整薪资，所以常常需要清除数据，只保留公式模板，这也可以通过定位功能来实现。

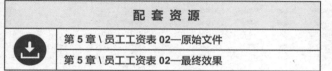

配 套 资 源
第 5 章 \ 员工工资表 02—原始文件
第 5 章 \ 员工工资表 02—最终效果

扫码看视频

STEP» 打开本实例的原始文件，按照前面介绍的方法打开【定位条件】对话框，然后按下图所示操作，可以把工作表中所有数据都清除，但保留公式。

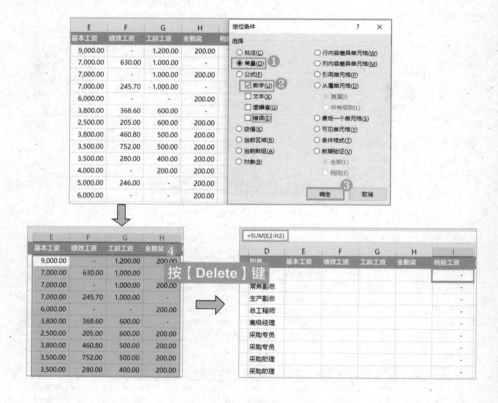

实战技巧

判断是数字型还是文本型数据

在 Excel 中,有的时候文本型数据和数字型数据放在一起,如果数量较少、特征明显,能够一眼区分;但在数据较多或者文本和数字的字体比较相近的时候,就很难辨别数据是何种类型。

有没有什么办法可以准确地判断呢?

其实,用一个函数就可以轻松判断数据类型——ISNUMBER 函数。它是一个判断函数,用来判断区域中的数据是否是数字型的。以下是判断的步骤。

STEP» 在 F2 单元格中输入公式"=ISNUMBER(D2)",将公式向下填充。若结果为"TURE",则表明是数字型数据,若结果为"FALSE",则表明是文本型数据。

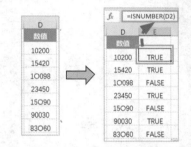

判断是日期型还是时间型数据

在 Excel 中,经常有很多数据无法判断是日期格式还是时间格式,有没有什么办法可以准确地判断呢?

同样,用一个函数就可以轻松检测出数据类型——CELL 函数。它可返回单元格的格式、位置或内容的信息,参数为"format"时,返回与单元格的数字格式对应的文本值。以下是判断数据是时间格式还是日期格式的步骤。

STEP» 在 E2 单元格中输入公式"=CELL("format",D2)",并向下填充。若结果是 D1 ~ D5,表示是日期型数据;若结果是 D6 ~ D9,表示是时间型数据;若是其他结果,则既不是时间型数据,也不是日期型数据。

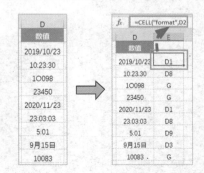

6

第 6 章

简单的数据分析——
排序、筛选与规划求解

- 排序，让数据有序。
- 筛选，解决海量数据。
- 规划求解，快速得到最优解。

在日常工作中，我们经常需要查看某些指定数据，如应付账款金额最大的前 5 名、满足某些指定条件的销售数据、最大产值数据等。这时如果手动查找、计算，那工作效率非常低。其实 Excel 本身就有很好的功能可以为我们解决这些问题。

这些功能主要有排序、筛选和规划求解。下面一项项地介绍！

6.1 应付账款明细表，排序使数据有序

配 套 资 源
第 6 章 \ 应付账款明细表—原始文件
第 6 章 \ 应付账款明细表—最终效果

扫码看视频

6.1.1 按应付账款结算日期升序排列

下面需要将"应付账款明细表"中近期要支付的 10 笔账款整理出来，提前走审批流程。

"应付账款明细表"中的数据很多，【结算日期】列的日期排列混乱无序，这可怎么办呢？

	A	B	C	D	E	J	K	L	M	N
1	序号	合同编号	摘要	采购人员	发票日期	实际应付款	付款日期	已付金额	结算日期	应付余额
2	1	JZC2020100705	采购货品	陈深	2020-10-07	30,000.00	2020-10-10	15,000.00	2020-12-06	15,000.00
3	2	JZC2020100706	采购货品	刘爱民	2020-10-07	30,000.00	2020-10-10	6,000.00	2020-12-06	24,000.00
4	3	JZC2020100707	采购货品	刘爱民	2020-10-07	30,000.00	2020-10-10	5,000.00	2020-11-10	25,000.00
5	4	JZC2020100808	采购货品	张会	2020-10-08	30,000.00	2020-10-11	6,000.00	2020-12-07	24,000.00
6	5	JZC2020100809	采购货品	林小凡	2020-10-08	30,000.00	2020-10-12	6,000.00	2020-12-07	24,000.00
7	6	JZC2020100810	采购货品	陈深	2020-10-08	30,000.00	2020-10-12	5,000.00	2020-12-07	25,000.00
8	7	JZC2020100911	采购货品	刘爱民	2020-10-09	30,000.00	2020-10-12	10,000.00	2020-11-12	20,000.00
9	8	JZC2020101012	采购货品	张会	2020-10-10	40,000.00	2020-10-13	10,000.00	2020-12-09	30,000.00
10	9	JZC2020101113	采购货品	赵晓楠	2020-10-11	40,000.00	2020-10-14	11,000.00	2020-11-10	29,000.00

可以用排序的方法轻松解决这个问题。我们一起看看如何操作吧。

STEP» 打开本实例的原始文件，❶单击 M1 单元格，❷切换到【开始】选项卡，❸在【编辑】组中❹单击【排序和筛选】按钮，在弹出的下拉列表中❺选择【升序】选项，❻将近期的 10 条付款信息查询出来。

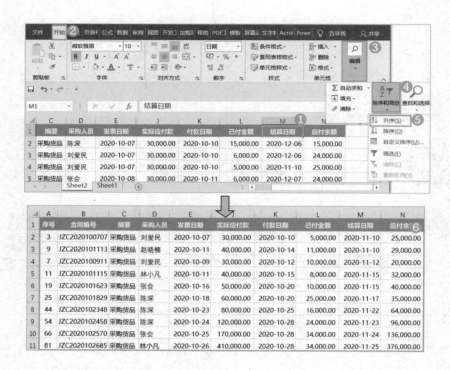

如果想找出金额最大的 5 笔待付款信息，也是同样道理。单击 N1 单元格，切换到【开始】选项卡，在【编辑】组中单击【排序和筛选】按钮，在弹出的下拉列表中选择【降序】选项，就可以得到想要的结果。

6.1.2　满足个性化需求，使用自定义排序

如果想要按照采购人员的名字对"应付账款明细表"排序，应该如何操作呢？

这时就需要用到自定义排序。下面一起看看该如何操作吧。

STEP1» 打开本实例的原始文件（同 6.1.1 小节），❶单击 D1 单元格，❷切换到【开始】选项卡，❸在【编辑】组中❹单击【排序和筛选】按钮，在弹出的下拉列表中❺选择【自定义排序】选项，弹出【排序】对话框。在【主要关键字】下拉列表框中❻选择【采购人员】选项，在【次序】下拉列表中❼选择【自定义序列】选项。

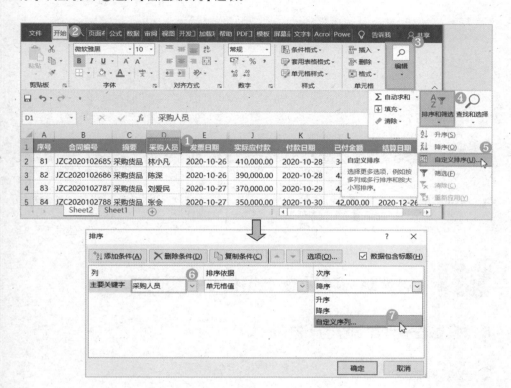

STEP2» 弹出【自定义序列】对话框，在【输入序列】文本框中按照想要的顺序❶输入销售人员的名字，每输入一个名字，就按【Enter】键隔开，再输入下一个，全部输完后，❷单击【添加】按钮。❸单击【确定】按钮，返回【排序】对话框，❹单击【确定】按钮。

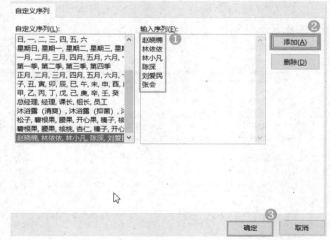

6.2　销售明细表，筛选出不同片区的数据

6.2.1　数据查询，就用筛选

单条件筛选

如果想查询销售员"高达"2020 年全年的销售数据，但是"销售明细表"中共有 700 多条数据，有什么好方法吗？

	A	B	C	D	E	F	G	H	I	J	K	L
1	序号	销售日期	订单号	城市	销售人员	商品名称	商品类别	规格	单位	单价	数量	金额
2	1	2020-01-01	GG20200101	北京	高达	腰果	干果	600g	罐	55	200.00	11,000.00
3	2	2020-01-01	GG20200102	上海	高达	黄鱼干	海鲜干货	1000g	箱	48	50.00	2,400.00
4	3	2020-01-01	GG20200103	北京	刘安娜	松子	干果	500g	袋	70	85.00	5,950.00
5	4	2020-01-01	GG20200749	上海	高达	腰果	干果	600g	罐	55	100.00	5,500.00
6	5	2020-01-01	GG20200750	上海	路小飞	腰果	干果	600g	罐	55	150.00	8,250.00
738	737	2020-12-30	GG20200848	西安	陈梅梅	椰子糖	糖果	2500g	罐	58	50.00	2,900.00
739	738	2020-12-31	GG20200849	广州	王萍	腰果	干果	600g	罐	55	50.00	2,750.00
740	739	2020-12-31	GG20200850	青岛	路小飞	鱿鱼丝	海鲜干货	2000g	箱	62	100.00	6,200.00

使用 Excel 的筛选功能，就可以解决这个问题，它能快速找出"高达"全年的销售数据。

STEP1» 打开本实例的原始文件，单击工作表首行的任意单元格，按【Ctrl+Shift+L】组合键，调出筛选按钮。

STEP2» ❶单击【销售人员】列的下拉按钮，在弹出的下拉列表中❷取消勾选【（全选）】复选框，❸勾选【高达】复选框，❹单击【确定】按钮，❺将"高达"2020 年全年的销售数据筛选出来。

序	销售日期	订单号	城市	销售人员	商品名称	商品类别	规格	单位	单价	数量	金额
1	2020-01-01	GG20200101	北京	高达	腰果	干果	600g	罐	55	200.00	11,000.00
2	2020-01-01	GG20200102	上海	高达	黄鱼干	海鲜干货	1000g	箱	48	50.00	2,400.00
4	2020-01-01	GG20200749	上海	高达	腰果	干果	600g	罐	55	100.00	5,500.00
9	2020-01-03	GG20200106	北京	高达	杏仁	干果	500g	袋	47	100.00	4,700.00
11	2020-01-03	GG20200108	北京	高达	杏仁	干果	500g	袋	47	100.00	4,700.00
14	2020-01-04	GG20200736	广州	高达	鱿鱼丝	海鲜干货	2000g	箱	62	110.00	6,820.00
28	2020-01-06	GG20200119	广州	高达	开心果	干果	750g	罐	53	50.00	2,650.00
30	2020-01-06	GG20200121	广州	高达	开心果	干果	750g	罐	53	50.00	2,650.00
32	2020-01-07	GG20200742	西安	高达	椰子糖	糖果	2500g	罐	58	150.00	8,700.00
37	2020-01-08	GG20200743	青岛	高达	杏仁	干果	500g	袋	47	50.00	2,350.00

多条件筛选

对于这张销售明细表，如果想要 2020 年"高达"的干果销售数据，这样就有两个条件了：一个条件是销售人员为"高达"，另一个条件是商品类别为"干果"。应该怎么操作呢？

配 套 资 源
第 6 章 \ 销售明细表 01—原始文件
第 6 章 \ 销售明细表 01—最终效果

扫码看视频

STEP» 在前面已经筛选出的"高达"的销售数据基础上，❶单击【商品类别】列的下拉按钮，在弹出的下拉列表中❷勾选【干果】复选框，❸单击【确定】按钮，❹将"高达"2020 年全年干果的销售数据筛选出来。

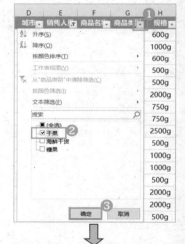

▲	A	B	C	D	E	F	G	H	I	J	K	L
1	序	销售日期	订单号	城市	销售人	商品名称	商品类别	规格	单位	单价	数量	金额 ④
2	1	2020-01-01	GG20200101	北京	高达	腰果	干果	600g	罐	55	200.00	11,000.00
5	4	2020-01-01	GG20200749	上海	高达	腰果	干果	600g	罐	55	100.00	5,500.00
10	9	2020-01-03	GG20200106	北京	高达	杏仁	干果	500g	袋	47	100.00	4,700.00
12	11	2020-01-03	GG20200108	北京	高达	杏仁	干果	500g	袋	47	100.00	4,700.00
29	28	2020-01-06	GG20200119	广州	高达	开心果	干果	750g	罐	53	50.00	2,650.00

取消筛选

数据筛选后，如何回到最初状态，显示全部的数据呢？方法很简单，单击首行任意一个单元格，按【Ctrl+Shift+L】组合键，就可以回到原来的无筛选状态了。

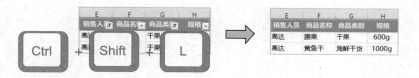

6.2.2 筛选到指定区域，使用高级筛选

　　筛选数据后，若需要将其复制到新的区域中，有什么办法可以不经过选择性粘贴，直接将筛选出的数据放到新的区域中呢？

　　这时可以使用高级筛选功能。高级筛选就是提前把筛选条件和复制区域设置好，然后利用筛选条件快速将数据筛选出来并复制到指定区域中。还是以筛选"高达"的全年干果销售数据为例，一起看看如何操作吧。

配 套 资 源
第 6 章 \ 销售明细表 02—原始文件
第 6 章 \ 销售明细表 02—最终效果

扫码看视频

STEP1» 本实例的筛选条件可以分解为两个：销售人员是"高达"，商品类别是"干果"。（注意，条件的填写必须准确，和原始表应完全一致。第一行是项目名称，第二行是条件。）

STEP2» 单击工作表中的任意单元格，❶切换到【数据】选项卡，❷单击【筛选】按钮旁边的【高级】按钮，弹出【高级筛选】对话框。❸选中【将筛选结果复制到其他位置】单选钮，❹根据图示设置 3 个参数，❺单击【确定】按钮，将筛选结果复制到新区域。

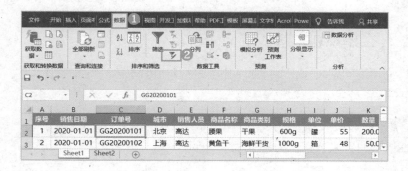

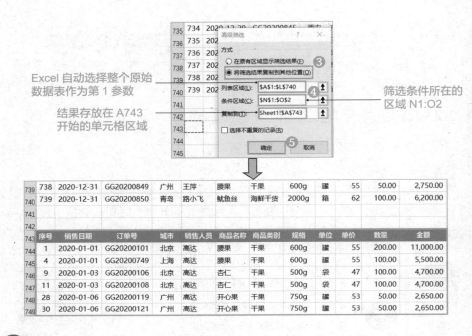

Excel 自动选择整个原始
数据表作为第 1 参数

结果存放在 A743
开始的单元格区域

筛选条件所在的
区域 N1:O2

序号	销售日期	订单号	城市	销售人员	商品名称	商品类别	规格	单位	单价	数量	金额
738	2020-12-31	GG20200849	广州	王萍	腰果	干果	600g	罐	55	50.00	2,750.00
739	2020-12-31	GG20200850	青岛	路小飞	鱿鱼丝	海鲜干货	2000g	箱	62	100.00	6,200.00
1	2020-01-01	GG20200101	北京	高达	腰果	干果	600g	罐	55	200.00	11,000.00
4	2020-01-01	GG20200749	上海	高达	腰果	干果	600g	罐	55	100.00	5,500.00
9	2020-01-03	GG20200106	北京	高达	杏仁	干果	500g	袋	47	100.00	4,700.00
11	2020-01-03	GG20200108	北京	高达	杏仁	干果	500g	袋	47	100.00	4,700.00
28	2020-01-06	GG20200119	广州	高达	开心果	干果	750g	罐	53	50.00	2,650.00
30	2020-01-06	GG20200121	广州	高达	开心果	干果	750g	罐	53	50.00	2,650.00

Tips

"$" 在公式中代表绝对引用，相关介绍可参见 7.2.2 小节。

如果在【高级筛选】对话框中选中【在原有区域显示筛选结果】单选钮，那么最终的筛选结果和普通筛选结果是一样的，都是在原始表上展示筛选结果。

6.3 产销预算表，规划求解获得最优方案

6.3.1 什么是规划求解

鸡兔同笼问题大家一定都听说过，今有鸡兔同笼，上面有 35 个头，下面有 94 只脚，问鸡兔各有多少只？

这道题在数学当中是个典型的方程式应用题。假设用 x 表示鸡的数量，用 y 表示兔的数量，那么方程式为：$\begin{cases} x+y=35 \\ 2x+4y=94 \end{cases}$

利用 Excel 的规划求解也可以解决这个问题。如果将鸡兔同笼问题交给 Excel 的规划求解来处理，那么在 Excel 中，本质是通过更改 B2、B3 单元格中的值来确定 B6 单元格中的值，其中：

①变量单元格是 B2、B3；

②约束条件是 B2+B3=35；

③目标单元格是 B6，目标值是 94。

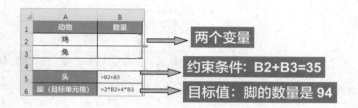

规划求解是根据已知的约束条件求最优化结果，或者可以理解为通过更改变量单元格来确定目标单元格的最大值、最小值或者目标值，要求如下：

①目标单元格必须是有公式的，而且这个公式必须与变量相关；

②必须要有约束条件。

下面用规划求解来解答鸡兔同笼问题。

配 套 资 源
第 6 章 \ 产销预算表—原始文件
第 6 章 \ 产销预算表—最终效果

扫码看视频

STEP1» ❶单击【文件】按钮→❷【选项】选项，在弹出的【Excel 选项】对话框中❸选择【加载项】选项卡，❹单击【转到】按钮。在弹出的对话框中❺勾选【规划求解加载项】复选框，❻单击【确定】按钮，加载后，❼【规划求解】按钮会出现在【数据】选项卡的【分析】组中。

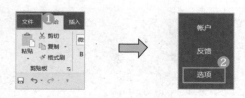

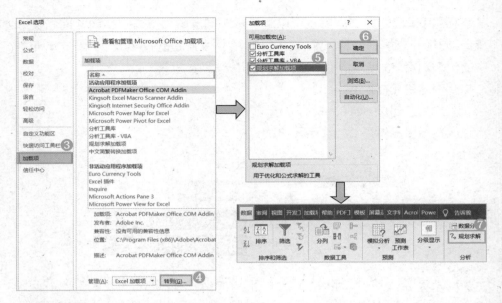

STEP2» 设置好单元格 **B5** 和 **B6** 的公式后，❶选中 B6 单元格，❷切换到【数据】选项卡，❸单击【规划求解】按钮。在弹出的【规划求解参数】对话框中，❹设置【设置目标】，选中【目标值】单选钮，并在后面的文本框中❺输入"**94**"，在【通过更改可变单元格】文本框中❻输入"**$B$2:$B$3**"。

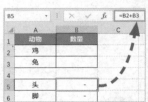

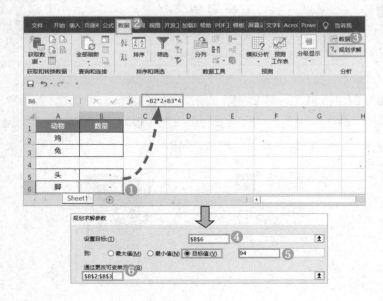

STEP3» ❶单击【添加】按钮，❷添加第 1 个约束条件（B2= 整数），❸单击【添加】按钮，❹添加第 2 个约束条件（B3= 整数），❺单击【添加】按钮，❻添加第 3 个约束条件（B5=35），❼单击【添加】按钮，❽添加第 4 个约束条件（B6=94），❾单击【确定】按钮。

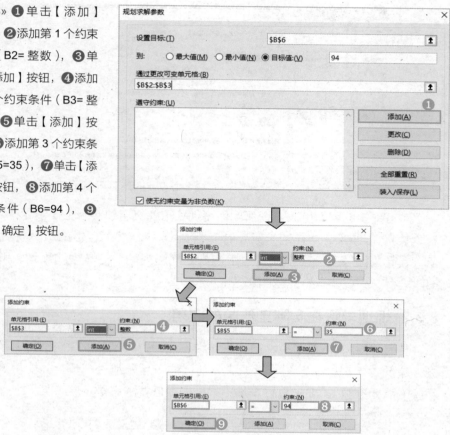

STEP4» ❶单击【求解】按钮，在弹出的【规划求解结果】对话框中❷单击【确定】按钮，查看计算结果。

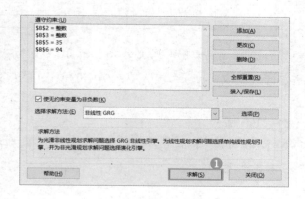

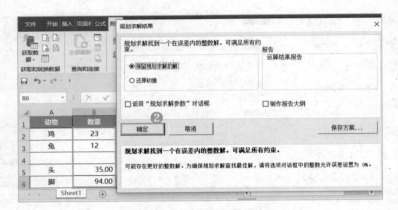

鸡兔同笼的问题解决了，那如何将规划求解应用到实际工作中呢？

其实道理都是一样的，只是在实际工作中，工作表中的数据往往比较多，看起来比较复杂。下面就以生产规划问题为例，把其中的规划求解思路加以剖析，相信读者看完就明白了。

6.3.2 规划求解在实际工作中的应用

现有总原料 8000 千克，共生产 3 种产品，每种产品的原料消耗、销售价格、最低要求产量如下图所示。请规划每种产品分别生产多少才能得到最高产值（销售金额），要求每种产品不得低于最低要求产量。

	A	B	C	D	E	F	G
1	现有原料	8000					
2							
3	产品	原料消耗	销售价格	最低要求产量	目标产量	原料消耗总量	目标产值
4	产品A	3	25.00	500			
5	产品B	4	30.00	600			
6	产品C	5	35.00	700			
7	合计						

首先，还是要分清哪些是变量，以及约束条件和目标单元格是什么。在本实例中，本质是通过更改 E4、E5、E6 单元格中的值来确定 G7 单元格中的值，其中：

①变量单元格是 E4、E5、E6；

②约束条件是【目标产量】≥【最低要求产量】且【原料消耗总量】≤【8000】，所以约束条件有 4 个，分别是 E4 ≥ D4、E5 ≥ D5、E6 ≥ D6、F7 ≤ B1；

③目标单元格是 G7，目标产值是最大值。

然后，将除了变量以外的单元格中都填写上公式。

	A	B	C	D	E	F	G
1	现有原料	8000					
2							
3	产品	原料消耗	销售价格	最低要求产量	目标产量	原料消耗总量	目标产值
4	产品A	3	25.00	500		-	-
5	产品B	4	30.00	600		-	-
6	产品C	5	35.00	700		-	-
7	合计	12	90.00	1800		-	-

=B4*E4

=C4*E4

求和公式

接下来，使用规划求解来规划这个生产问题，求出目标产量和目标产值。

配 套 资 源
第 6 章 \ 产销预算表 01—原始文件
第 6 章 \ 产销预算表 01—最终效果

扫码看视频

STEP1» ❶选中目标单元格 G7，❷切换到【数据】选项卡，❸单击【规划求解】按钮。在弹出的对话框中❹设置【设置目标】，❺选中【最大值】单选钮，❻设置【通过更改可变单元格】为 E4:E6 单元格区域。（选中 E4:E6 单元格区域后，文本框中的地址自动变为绝对引用形式。）

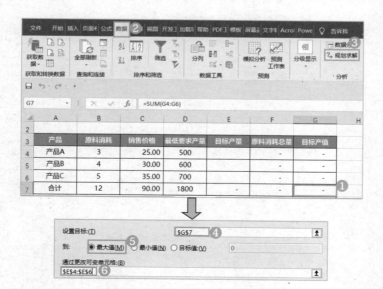

STEP2» 添加 4 个约束条件。

遵守约束(U)

$E$4 >= $D$4
$E$5 >= $D$5
$E$6 >= $D$6
$F$7 <= $B$1

STEP3» 求解。步骤同前，此处不再展示，求解后的结果如下图所示。

	A	B	C	D	E	F	G
1	现有原料	8000					
2							
3	产品	原料消耗	销售价格	最低要求产量	目标产量	原料消耗总量	目标产值
4	产品A	3	25.00	500	700	2,100.00	17,500.00
5	产品B	4	30.00	600	600	2,400.00	18,000.00
6	产品C	5	35.00	700	700	3,500.00	24,500.00
7	合计	12	90.00	1800	2000	8,000.00	60,000.00

7

第7章
数据处理又快又准确
——函数

- 汇总数据就用求和函数。
- 查找和引用数据就用查找函数。
- 统计数据出现的次数就用统计函数。
- 判定结果就用逻辑函数。

函数是 Excel 学习的重中之重，熟练掌握常用函数后，之前需要一天时间才能做完的工作，现在可能只需一个小时就能快速完成。函数能够帮助我们更高效、更准确地完成工作。

本章主要学习工作中的常用函数，包括求和函数、查找函数、统计函数、逻辑函数等。下面一项项地进行讲解。

 7.1 求和函数

7.1.1 SUM 函数，快速求和

刚开始使用 Excel 时，我们可能一个函数都不懂，在需要对大量的销售数据进行求和时都不知该如何是好。

	A	B	C	D	E	F	G	H	I	J	K	L
1	序号	销售日期	订单号	城市	销售人员	商品名称	商品类别	规格	单位	单价	数量	金额
2	1	2020-01-01	GG20200101	北京	高达	腰果	干果	600g	罐	55	200.00	11,000.00
3	2	2020-01-01	GG20200102	上海	高达	黄鱼干	海鲜干货	1000g	箱	48	50.00	2,400.00
4	3	2020-01-01	GG20200103	北京	刘安娜	松子	干果	500g	袋	70	85.00	5,950.00
738	737	2020-12-30	GG20200848	西安	陈梅梅	椰子糖	糖果	2500g	罐	58	50.00	2,900.00
739	738	2020-12-31	GG20200849	广州	王萍	腰果	干果	600g	罐	55	50.00	2,750.00
740	739	2020-12-31	GG20200850	青岛	路小飞	鱿鱼丝	海鲜干货	2000g	箱	62	100.00	6,200.00

对【金额】列的数据求和，可以用 SUM 函数快速完成。SUM 函数在日常工作中的使用频率非常高。

SUM 函数的作用是返回某一单元格区域中数字、逻辑值及数字的文本表达式之和（求和），它的语法规则如下。

> SUM(数值 1, 数值 2, ...)

"数值 1""数值 2"…可以是单个数字，也可以是单元格区域，例如"A1:A99"。SUM 函数可以对这一单元格区域进行快速求和，这也是日常工作中常用的一种方式。下面就一起看看如何使用这个函数吧。

配 套 资 源		
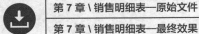 第 7 章 \ 销售明细表—原始文件		
第 7 章 \ 销售明细表—最终效果		

扫码看视频

STEP» 打开本实例的原始文件，❶单击【金额】列的单元格 L741，❷切换到【公式】选项卡，在【函数库】组中❸单击【自动求和】按钮，单元格 L741 即可使用 SUM 函数求和，❹按【Enter】键得到求和的值。

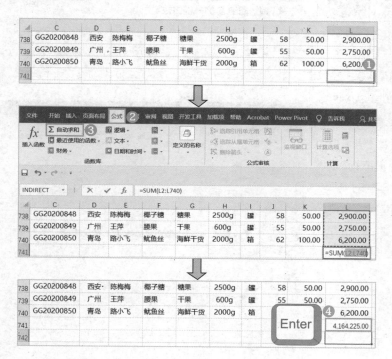

7.1.2　SUMIF 函数，单条件求和

使用 SUM 函数可以实现自动求和，但是当想要对工作表中的部分数据求和时，如统计【商品类别】列中干果的全年销售金额时，SUM 函数就无法满足需要了，这时就需要用到 SUMIF 函数。SUMIF 函数是一个单条件求和函数，可以对数据区域中符合指定条件的值求和，它的语法规则如下。

> SUMIF(条件区域，条件，实际求和区域)

"条件"参数是单一的，使用数字、文本、单元格、表达式等均可。

下面根据销售明细表中的数据，计算干果的全年销售金额，此时，求和的条件就是"干果"。

配 套 资 源
第 7 章 \ 销售明细表 01—原始文件
第 7 章 \ 销售明细表 01—最终效果

扫码看视频

STEP1» 打开本实例的原始文件，❶单击存放汇总金额的单元格 N2，❷切换到【公式】选项卡，在【函数库】组中❸单击【插入函数】按钮，弹出【插入函数】对话框。在【搜索函数】文本框中❹输入"SUMIF"，❺单击【转到】按钮，【选择函数】列表框中出现【SUMIF】选项，❻选中【SUMIF】选项，❼单击【确定】按钮。

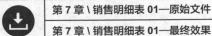

STEP2» 在弹出的【函数参数】对话框中❶将 3 个参数设置好，❷单击【确定】按钮，得到求和的结果。将其修改为千分位分隔样式，便于使用。

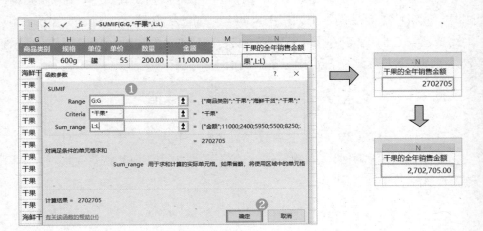

7.1.3 SUMIFS 函数，多条件求和

在上一小节中，我们成功解决了单条件求和的问题。但是当数据条件限制比较多（如统计销售员"高达"的干果全年销售金额）时，我们会发现 SUMIF 函数也不够用了，这时就需要用到 SUMIFS 函数。SUMIFS 函数是多条件单元格求和函数，它的语法规则如下。

> SUMIFS(实际求和区域 , 条件区域 1, 条件 1, 条件区域 2, 条件 2,...)

其中，"实际求和区域"参数是唯一的。

配套资源
第 7 章 \ 销售明细表 02—原始文件
第 7 章 \ 销售明细表 02—最终效果

扫码看视频

STEP» 调用函数的步骤同 7.1.2 小节，此处不重复叙述。在弹出的【函数参数】对话框中❶设置参数，❷单击【确定】按钮，得出求和的结果。将其修改为千分位分隔样式，便于使用。

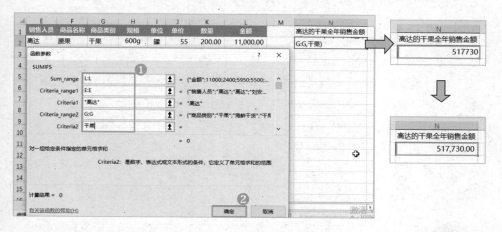

掌握了求和函数，不管是直接求和、单条件求和，还是多条件求和，都能帮助我们快速完成工作。

7.2　查找函数

7.2.1　VLOOKUP 函数，纵向查找

在整理"明细表"数据时，发现【商品类别】列内容缺失，需要补充完整，而参考信息正是"参数表"中的【商品类别】列内容。

如何快速将【商品类别】列内容引用过来呢，一个个地填写肯定是不行的，因为数据量很大，有 700 多行，怎么办呢？

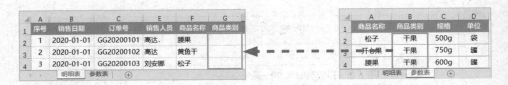

这时用 VLOOKUP 函数进行批量查找最合适不过了，它的语法规则如下。

VLOOKUP(匹配条件，查找区域，取数的列号，匹配模式)

参数解析如下。

①匹配条件：指定的查找条件。在本实例中对应"明细表"的 F1 单元格。

②查找区域：进行查找的区域。本实例为"参数表"的 A:B 单元格区域。请记住，"匹配条件"应该始终位于"查找区域"的第 1 列。

③取数的列号：要从"查找区域"返回哪一列的内容。本实例是"查找区域"的第 2 列数据，所以是 2。

④匹配模式：若为 1 或 TRUE，则近似匹配；若为 0 或 FALSE，则精确匹配。本实例需精确匹配商品类别，所以为 0。具体的操作步骤如下。

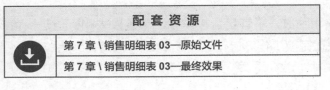

配 套 资 源
第 7 章 \ 销售明细表 03—原始文件
第 7 章 \ 销售明细表 03—最终效果

扫码看视频

STEP1» ❶将光标定位在"明细表"的 G1 单元格中，❷切换到【公式】选项卡，在【函数库】

组中❸单击【查找与引用】按钮→❹【VLOOKUP】选项。

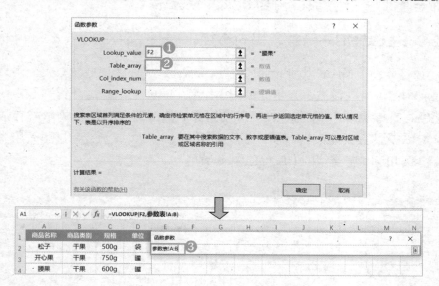

STEP2» 在弹出的【函数参数】对话框中，❶在第 1 个参数的文本框中输入"F2"；❷将光标定位在第 2 个参数文本框中，❸在"参数表"中选取参数范围，选取完毕，第 2 个参数设置完成。

STEP3» ❶将第 3 个、第 4 个参数设置好，❷单击【确定】按钮，查询出结果，将公式填充到余下单元格，❸这时就将数据填充到"明细表"中的【商品类别】列中了。

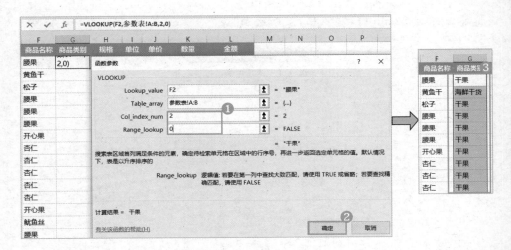

700 多行数据瞬间就能跨表查询取数，效率非常高。VLOOKUP 函数是工作中经常用的函数，需要熟练掌握。

使用 VLOOKUP 函数可以实现按列查找，但按行查找的情况在工作中也经常会遇到，这时就需要用到 HLOOKUP 函数。

7.2.2　HLOOKUP 函数，横向查找

在核算部门员工的【业绩提成】时，需要从"业绩提成参数表"中查询【提成比例】行的数据，并将此数据引用到"员工业绩提成计算表"中。因"业绩提成参数表"的数据并不是按列存放的，而是以多行的形式存放，VLOOKUP 函数只能按列查找，不能按行查找，所以此函数在这里无用。这时就需要用到按行查找的 HLOOKUP 函数。

因【提成比例】的查找是一个范围，所以应使用 HLOOKUP 函数进行模糊查找，它的语法规则如下。

HLOOKUP(匹配条件，查找区域，取数的行号，匹配模式)

参数解析如下。

①匹配条件：指定的查找条件。本实例中对应的是 C2 单元格。

②查找区域：进行查找的区域。请记住，"匹配条件"应该始终位于"查找区域"的第 1 行。由于要从"业绩提成参数表"中的第 2 行查找，并返回第 3 行的数据，所以"查找区域"为 2:3 行单元格区域。

③取数的行号：要从"查找区域"返回哪一行的内容。本实例是"查找区域"的第 2 行数据，所以是 2。

④匹配模式：若为 1 或 TRUE，则近似匹配；若为 0 或 FALSE，则精确匹配。由于匹配的是区间而不是精确的数值，所以是模糊查找，因此第 4 个参数是 TRUE 、1 或者省略。具体的操作步骤如下。

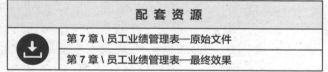

配 套 资 源
第 7 章 \ 员工业绩管理表—原始文件
第 7 章 \ 员工业绩管理表—最终效果

扫码看视频

STEP» 打开本实例的原始文件，单击 D2 单元格，打开 HLOOKUP 函数的【函数参数】对话框。❶ 将参数设置好，因为是模糊查找，故最后一个参数可不填。因查找区域是固定的，所以需要将第 2 个参数从相对引用转换为绝对引用，❷ 将光标定位到参数中代表行号的 2 前面，按【F4】键，将其转化为绝对引用。❸ 单击【确定】按钮，可得到查询结果，并将公式填充到余下单元格中。

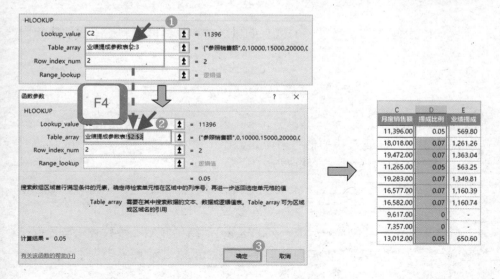

> **Tips**
>
> 　　相对引用：进行填充后，随着行列的变化，数据引用范围会发生改变。
>
> 　　绝对引用：单元格的行号、列标前都会加上"$"（绝对引用符号），填充后，后面的单元格完全复制首个单元格的引用范围，数据引用范围不变。
>
> 　　混合引用：单元格的行号或列标前会加上"$"，进行填充后，未加"$"的列或行单元格的数据引用范围会发生改变。

7.2.3 LOOKUP 函数，逆查找

　　在实际工作中，还会遇到如下这种情况："明细表"要查询的【商品类别】信息需要从"参数表"中引用过来，但是"参数表"中作为查找条件的【商品名称】不在【商品类别】的左边，VLOOKUP 函数只能从左向右查找，所以这种情况下无法使用 VLOOKUP 函数，这就需要用到 LOOKUP 函数的逆查找功能。

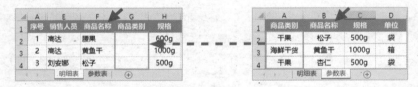

　　LOOKUP 函数有两种使用方式：向量形式和数组形式。这里建议使用向量形式，其语法规则如下。

> LOOKUP(搜索值, 查找值区域, 结果区域)

　　参数解析如下。

　　①搜索值：需要查找的值，可以是数字、文本、逻辑值、名称或对值的引用；因使用逆查找功能，本实例为 1。

　　②查找值区域：只包含一行或一列的区域，可以是文本、数字或逻辑值；因使用逆查找功能，本实例为 "0/(参数表 !B:B= 明细表 !F2)"。

　　③结果区域：只包含一行或一列的区域，"结果区域"参数必须与"查找值区域"参数大小相同；本实例为"参数表 !A:A"，即【商品类别】列内容，与"查找值区域"的 B 列内容参数大小相同。具体的操作步骤如下。

扫码看视频

STEP» 打开本实例的原始文件，单击 G2 单元格，调用 LOOKUP 函数，弹出【选定参数】对话框，选择第一种参数，❶单击【确定】按钮，在弹出的【函数参数】对话框中❷将 3 个参数设置好，❸单击【确定】按钮，得到查询的结果，并将公式填充到余下的单元格中。

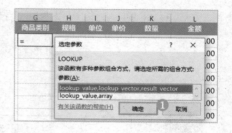

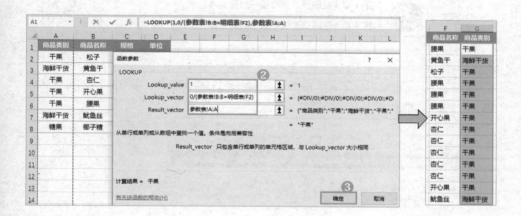

7.3　统计函数

7.3.1　COUNT 函数，统计次数

在做员工人数统计时，需要从"在职员工信息表"中统计公司员工总数，数据量非常大，那该如何快速统计呢？这时就需要用到 COUNT 函数。

COUNT 函数的作用是返回列表中数值的单元格个数，其语法规则如下。

$$COUNT(\text{数值型},\text{数值型},\cdots)$$

具体的操作步骤如下。

STEP» 打开本实例的原始文件，单击 B1 单元格，调用 COUNT 函数（调用函数步骤同前，此处不重复讲述），在弹出的【函数参数】对话框中❶将函数参数设置好，❷单击【确定】按钮，❸得到查询的结果。

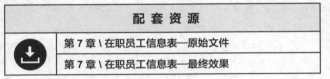

Tips

因 COUNT 函数只能对数值进行计数，所以本实例对【工龄】列进行统计。

7.3.2 COUNTIF 函数,单条件计数

若还需要从"在职员工信息表"中统计公司各部门员工分别有多少,该如何快速统计呢?这时就需要用到 COUNTIF 函数。

COUNTIF 函数是一个单条件计数函数,它可以对指定区域中符合条件的单元格进行计数,其语法规则如下。

$$COUNTIF(\text{指定区域},\text{指定条件})$$

具体的操作步骤如下。

配套资源
第 7 章 \ 在职员工信息表 01—原始文件
第 7 章 \ 在职员工信息表 01—最终效果

扫码看视频

STEP» 打开本实例的原始文件,单击B3单元格,调用COUNTIF函数(调用函数步骤同前,此处不重复讲述),在弹出的【函数参数】对话框中❶将函数参数设置好,❷单击【确定】按钮,得到查询的结果,❸将公式填充到余下的单元格中。

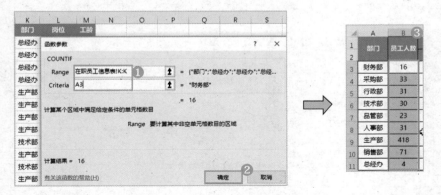

COUNTIF 函数适合只有一个条件时的计数,如果条件有两个甚至更多时,该怎么办呢?这时就需要用到 COUNTIFS 函数。

7.3.3 COUNTIFS 函数，多条件计数

从"在职员工信息表"中统计公司各部门男、女员工分别有多少时，有两个条件，一个是部门，另一个是性别，这时就需要用到 COUNTIFS 函数。

COUNTIFS 函数是一个多条件计数函数，它可以统计多个区域中满足给定条件的单元格的个数，其语法规则如下。

> COUNTIFS(条件区域 1, 条件 1, 条件区域 2, 条件 2,…)

具体的操作步骤如下。

配 套 资 源
第 7 章 \ 在职员工信息表 02—原始文件
第 7 章 \ 在职员工信息表 02—最终效果

扫码看视频

STEP» 打开本实例的原始文件，单击 C3 单元格，调用 COUNTIFS 函数（调用函数的步骤同前，此处不重复讲述），在弹出的【函数参数】对话框中❶将参数设置好，❷单击【确定】按钮，查询财务部男员工人数，❸将公式填充到余下的单元格。女员工人数的查询同理。

7.4　逻辑函数

7.4.1　IF 函数，单条件判断

若要找出"贷款管理台账"中已过期的贷款信息，以便核对是否已经还款时，应该怎么办呢？

	A	B	C	D	E	F	G	H	I	J	K
1	序号	贷款日期	摘要	贷款金额	年利率	月利率	贷款期限（月）	最后还款日期	总利息	总还款额	已过期
2	1	2020-06-25	短期借款	515,000.00	8.00%	0.67%	18	2021-12-25	61,800.00	576,800.00	
3	2	2020-09-29	短期借款	115,000.00	8.00%	0.67%	9	2021-06-29	6,900.00	121,900.00	
4	3	2020-04-26	短期借款	245,000.00	8.00%	0.67%	6	2020-10-26	9,800.00	254,800.00	
5	4	2020-06-27	短期借款	365,000.00	8.00%	0.67%	5	2020-11-27	12,166.67	377,166.67	

可以运用 IF 函数和 TODAY 函数来辨别到期情况。IF 函数是一个逻辑函数，用来判断是否满足某个条件，如果满足则返回一个值，如果不满足则返回另一个值。IF 函数的语法规则如下。

IF(测试条件 , 结果 1, 结果 2)

如果满足测试条件则显示结果 1，如果不满足测试条件则显示结果 2。

本实例将 IF 函数和 TODAY 函数嵌套使用，公式为 =IF(H2<TODAY(), " 已过期 "," 未过期 ")。注意，TODAY 函数是返回日期格式的当前日期，使用时没有参数，只有一个括号。具体的操作步骤如下。

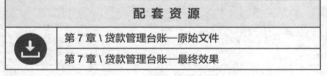

配套资源

第 7 章 \ 贷款管理台账—原始文件

第 7 章 \ 贷款管理台账—最终效果

扫码看视频

STEP» 打开本实例的原始文件，单击 K2 单元格，调用 IF 函数查询已到期的信息（调用函数步骤同前，此处不重复讲述），在弹出的【函数参数】对话框中❶将参数设置好，❷单击【确定】按钮，即可得到结果，❸将公式填充到余下的单元格。

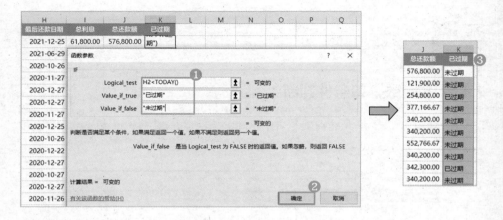

7.4.2 IFS 函数，多条件判断

　　若需要对"员工绩效考评表"中的绩效得分进行等级划分，如将 E2 单元格中的 93 分划分为优秀，该如何快速划分呢？使用 IFS 函数就可以轻松做到。

	A	B	C	D	E	F	G	H	I
1	员工编号	姓名	部门	岗位	绩效得分	等级		条件	等级
2	SL0005	施树平	生产部	经理	93			90-100	优秀
3	SL0006	褚宗莉	生产部	生产主管	91			70-89	良好
4	SL0007	咸可	生产部	计划主管	69			60-69	及格
5	SL0008	吴苹	生产部	组长	100			60分以下	不及格
6	SL0009	卜梦	技术部	经理	71				

　　IFS 函数的作用是检查是否满足某一个或多个条件，且返回第一个符合 TRUE 条件的值。IFS 函数的语法规则如下。

> IFS(条件 1, 结果 1, 条件 2, 结果 2,…,TRUE, 结果)

　　IFS 函数根据参数中的条件依次判定，若第一个为 TRUE，那么直接得到对应结果。具体的操作步骤如下。

配 套 资 源	
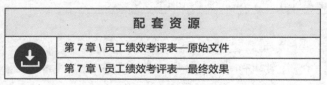 第 7 章 \ 员工绩效考评表—原始文件	
第 7 章 \ 员工绩效考评表—最终效果	

扫码看视频

STEP» 打开本实例的原始文件，单击 F2 单元格，调用 IFS 函数，在弹出的【函数参数】对话框中❶将函数参数设置好，❷单击【确定】按钮，得到结果，❸将公式填充到余下的单元格。

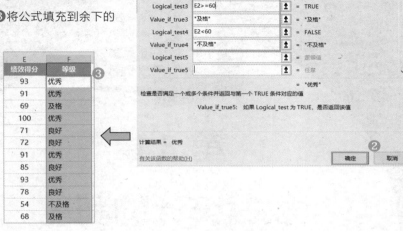

如何快速查找函数

本章中查找函数采用按部就班的方式，其实 Excel 中有一个非常快捷的方式可以迅速查找到函数，具体操作步骤如下。

STEP» ❶将光标定位到需要使用函数的单元格 J2 中，❷单击【fx】按钮，弹出【插入函数】对话框，在此可以快速查找函数。

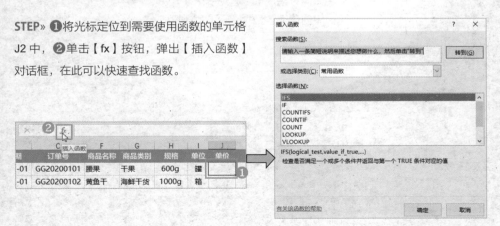

第8章

数据统计的利器
——数据透视表

- 如何快速统计销售数据？
- 如何快速美化数据透视表？
- 如何快速拆分销售报表？
- 如何打造动态销售数据？
- 如何让销售数据展示更直观？

和函数一样，数据透视表也是 Excel 学习中的重点内容，因为它能够快速汇总、分析数据，还能够配合切片器、数据透视图等对原始数据进行多维度展现，而且当原始数据修改后，只要用【刷新】命令就可以更新数据透视表中的数据。

8.1　统计销售数据，制作数据透视表

下面要按【商品名称】和【销售人员】这两个条件汇总 2020 年销售数据。如果用筛选的方法逐一筛选求和，要筛选几十次，工作量实在太大了，还不能保证结果的准确性。怎么办呢？

	序号	销售日期	订单号	城市	销售人员	商品名称	商品类别	规格	单位	单价	数量	金额
1												
2	1	2020-01-01	GG20200101	北京	高达	腰果	干果	600g	罐	55	200.00	11,000.00
3	2	2020-01-01	GG20200102	上海	高达	黄鱼干	海鲜干货	1000g	箱	48	50.00	2,400.00
4	3	2020-01-01	GG20200103	北京	刘安娜	松子	干果	500g	袋	70	85.00	5,950.00
739	738	2020-12-31	GG20200849	广州	王萍	腰果	干果	600g	罐	55	50.00	2,750.00
740	739	2020-12-31	GG20200850	青岛	路小飞	鱿鱼丝	海鲜干货	2000g	箱	62	100.00	6,200.00

	A	B	C	D	E	F	G	H	I
1	项目	腰果	杏仁	开心果	松子	黄鱼干	椰子糖	鱿鱼丝	总计
2	陈玲								-
3	陈梅梅								-
4	高达								-
5	李好运								-
6	刘安娜								-
7	路小飞								-
8	王萍								-
9	总计								-

用数据透视表就可以轻松解决这个问题，一起看看具体的步骤吧。

配 套 资 源	
	第 8 章 \ 销售明细表—原始文件
	第 8 章 \ 销售明细表—最终效果

扫码看视频

STEP»打开本实例的原始文件，❶单击数据区域中的任意单元格，❷切换到【插入】选项卡，在【表格】组中❸单击【数据透视表】按钮，弹出【创建数据透视表】对话框。保持默认设置不变，❹单击【确定】按钮，❺弹出新的工作表"Sheet2"，在其【数据透视表字段】任务窗格中，❻将【商品名称】【销售人员】【金额】字段依次拖曳到【列】【行】【值】列表框中，❼在工作表左侧即可得到想要的汇总数据。

Q1 "明细表"修改后，数据透视表需要重新制作吗？

A1

不需要，明细表修改后只需要在数据透视表任意位置单击鼠标右键，在弹出的快捷菜单中选择【刷新】，就可以更新数据透视表中的数据。

Q2 数据透视表只能用来求和吗?

A2

不是,除了【求和】这个汇总方式,还有【计数】【平均值】【最大值】【最小值】【乘积】等汇总方式。在数据透视表任意位置单击鼠标右键,在弹出的快捷菜单中选择【值汇总依据】,可以看到这些汇总方式,可根据需要选择使用。

8.2 快速美化数据透视表

上一节介绍了如何使用数据透视表汇总数据。你可能觉得数据透视表和我们平时用的表格有点儿不一样,格式不够美观。这是因为数据透视表默认是以大纲形式显示的。

这一节将介绍如何快速美化数据透视表,一起看看吧。

配 套 资 源	
第 8 章 \ 销售明细表 01—原始文件	
第 8 章 \ 销售明细表 01—最终效果	

扫码看视频

STEP1» 打开本实例的原始文件,❶单击数据透视表区域的任意单元格,❷切换到【设计】选项卡。在【布局】组中❸单击【报表布局】按钮,在弹出的下拉列表中❹选择【以表格形式显示】选项,数据透视表即以表格形式显示,❺为显示结果设置千分位分隔样式。

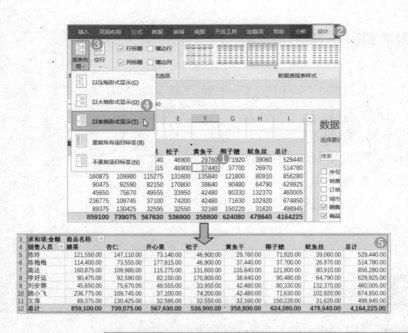

STEP2» ❶单击数据透视表区域的任意单元格，❷切换到【设计】选项卡，在【数据透视表样式】组中❸单击【其他】按钮，在弹出的下拉列表中❹选择【浅绿，数据透视表样式中等深浅14】选项。

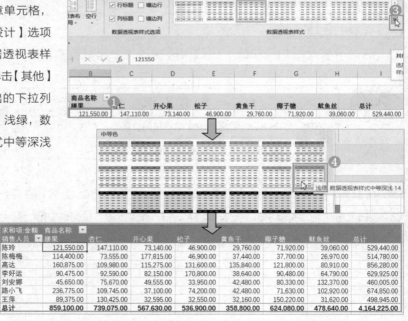

这样，数据透视表就快速美化好了，读者还可以根据需要选择其他的样式。

8.3　巧用数据透视表拆分销售报表

下面要求按照城市来分类统计销售数据，并将每个城市的数据放在一张单独的工作表中，应该怎么操作呢？

可以使用数据透视表的拆分报表功能可以解决这一问题。

配 套 资 源	
↓	第 8 章 \ 销售明细表 02—原始文件
	第 8 章 \ 销售明细表 02—最终效果

扫码看视频

STEP1» 打开本实例的原始文件，新建数据透视表，在其任务窗格中，❶将【城市】字段拖曳到【筛选】列表框中，❷数据透视表区域出现城市的筛选条件。

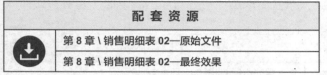

STEP2» ❶单击数据透视表中的任意单元格（如 B5），❷切换到【分析】选项卡，在【数据透视表】组中❸单击【选项】按钮，在弹出的下拉列表中❹选择【显示报表筛选页】选项。在弹出的【显示报表筛选页】对话框中，保持默认选择【城市】选项不变，❺单击【确定】按钮。

这样，销售数据瞬间就按【城市】拆分好了，读者也可以根据需要，使用其他条件（如【商品类别】）来拆分报表。

 8.4　使用切片器，打造动态销售数据

　　使用了切片器的数据透视表就好像有了筛选按钮，单击切片器上的选项，数据透视表就会只显示该选项对应的数据。下面一起看看如何操作吧。

配 套 资 源
第 8 章 \ 销售明细表 03—原始文件
第 8 章 \ 销售明细表 03—最终效果

扫码看视频

STEP1» ❶单击数据透视表中的任意单元格，❷切换到【插入】选项卡，在【筛选器】组中❸单击【切片器】按钮，弹出【插入切片器】对话框。❹勾选【城市】复选框，❺单击【确定】按钮。调整切片器大小，将其放在数据透视表左侧，这样更符合使用习惯。

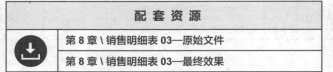

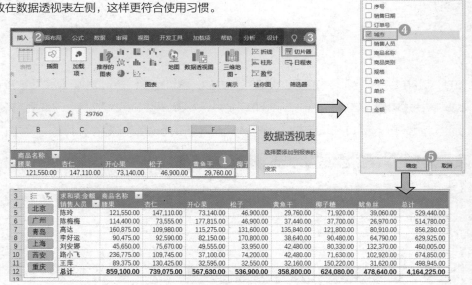

STEP2» ❶单击切片器，❷切换到【选项】选项卡，在【切片器样式】组中❸单击【其他】按钮。在弹出的下拉列表中❹选择【浅绿，切片器样式深色6】选项，切片器即可换成新的样式（切片器美化的原则是使切片器和数据透视表的风格统一）。

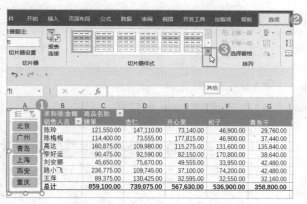

STEP3» 单击切片器上的【北京】，数据只显示【城市】为"北京"的汇总数据。

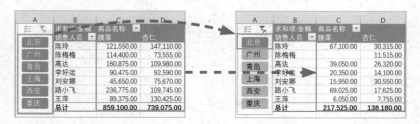

这样切片器就设置好了，可以单选，也可以单击切片器左上方按钮进行多选，还可以单击右上方按钮清除筛选，读者可根据需要灵活使用。

8.5　数据透视图，让销售数据更直观

在使用数据透视表的过程中，我们发现用数据透视表展现数据还是不够直观，不能一眼看出哪种商品销量最高，哪种商品销量最低。

想要数据展现得更直观，还需要借助图表，而数据透

商品名称 ▼	求和项:金额
腰果	859,100.00
杏仁	739,075.00
开心果	567,630.00
松子	536,900.00
黄鱼干	358,800.00
椰子糖	624,080.00
鱿鱼丝	478,640.00
总计	4,164,225.00

视表自带数据透视图功能，可以满足数据展现的更高要求。

配 套 资 源
第 8 章 \ 销售明细表 04—原始文件
第 8 章 \ 销售明细表 04—最终效果

扫码看视频

STEP1» ❶单击数据透视表区域的任意单元格，❷切换到【插入】选项卡，在【图表】组中❸单击【数据透视图】按钮，在弹出的下拉列表中❹选择【数据透视图】选项。在弹出的【插入图表】对话框中❺选择【柱形图】选项，❻单击【确定】按钮，插入柱形图。

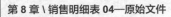
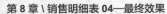

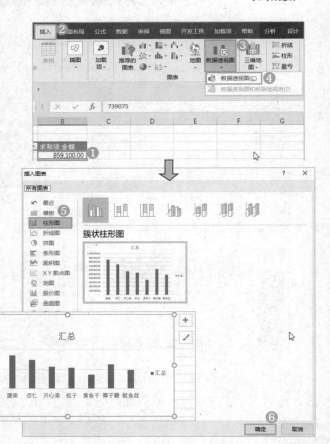

STEP2» ❶单击【图表样式】按钮，弹出下拉列表，在【样式】选项卡中❷选择【样式 10】选项，在【颜色】选项卡中❸选择【彩色调色板 4】选项，按【Delete】键删除右边的图例，❹将标题改成【产品销量统计】，并调整标题字体、字号、颜色和位置，得到最终效果。

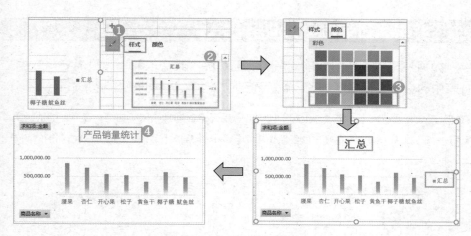

实战技巧

查询12月销售金额超过1万元的记录

　　要想快速查询 12 月销售金额超过 1 万元的记录，按下图所示操作，利用数据透视表就可以轻松查询。

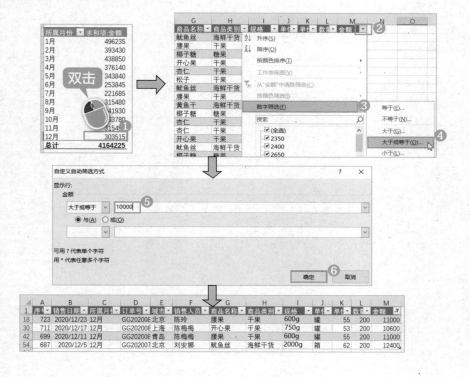

找到销售额前3名的业务员

如何快速找到销售额前 3 名的业务员呢？其实很简单，只需要将数据透视表中的金额进行降序排列，就能看到前 3 名，具体的操作步骤如下。

STEP» 在数据透视表【求和项：金额】列的任意单元格上❶单击鼠标右键，在弹出的快捷菜单中❷选择【排序】选项，在弹出的级联菜单中❸选择【降序】选项，❹就可以找到销售额前 3 名的业务员。

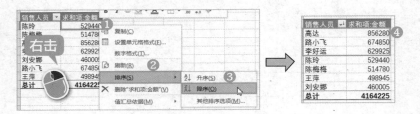

第 9 章

数据可视化之美
——图表

- 图表有哪些种类？
- 图表的主要绘制流程是怎样的？
- 如何修改和美化图表？
- 如何修改图表类型？

上一章，在学习数据透视图时，我们认识了图表，也认识到相比于数字，图表展示数据更加直观，也更加生动有趣。图表的种类有很多，图表的展现形式也千变万化，要想展示数据时更形象、生动，就赶紧来学习图表的制作吧。

9.1　图表的种类和绘制流程

　　若想直观地展示和分析数据，只会一两种图表是无法满足使用需求的，所以需要系统地学习图表的相关知识。本节主要介绍图表的种类及绘制流程。

9.1.1　图表的种类

　　图表的种类很多，正确地选择图表类型是制作图表至关重要的第一步。不妨抛开图表类型，专注于使用图表的目的，从图表的作用来辨别图表、选择图表会简单多了。

　　图表根据作用可分为 6 类：分类比较分析、结构和占比分析、分布和关联关系分析、趋势走向分析、结果比率分析、转化分析。每一类包含的主要图表种类如下图所示。

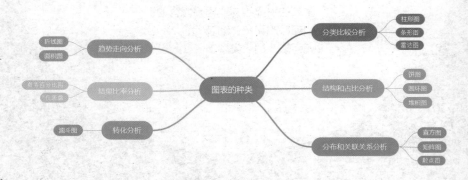

　　想做哪种数据分析，直接在对应类别里选择图表就好了。

9.1.2 图表的绘制流程

图表的绘制流程如右图所示。

首先，确定分析的目标，明确需要分析什么，分析需要达成的目的是什么。

其次，选择合适的图表，根据分析的目标选择不同类型的图表，如进行趋势走向分析，就选择折线图或面积图。

再次，准备图表数据。

然后，就可以绘制基础图表了。

最后，对基础图表进行美化，以达到更好的展示效果。

学习完图表的基础理论，就可以学习制作图表了！首先学习的是分类比较的图表。

9.2　分类比较

分类比较的图表主要包括柱形图、条形图、雷达图。本节主要讲解绘制前两种图表的方法。

9.2.1 柱形图

柱形图的制作和上一章数据透视表中柱形图的制作基本一样：先创建数据透视表，再以数据透视表的数据为基础创建图表。而在实际工作中，很多时候是直接在原始数据的基础上插入图表的，具体使用什么方式创建要具体问题具体分析。具体的操作步骤如下。

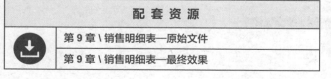

配套资源

第 9 章 \ 销售明细表—原始文件

第 9 章 \ 销售明细表—最终效果

扫码看视频

STEP1» 打开本实例的原始文件，❶以销售明细表中的数据为基础创建数据透视表（具体步骤同上一章，此处不再展示步骤）。❷单击数据透视表的任意单元格，❸切换到【插入】选项卡，在【图表】组中❹单击【插入柱形图或条形图】按钮，在弹出的下拉列表中❺选择【簇状柱形图】选项，❻插入柱形图。

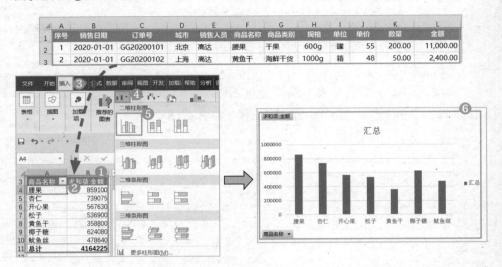

STEP2» ❶在字段【求和项：金额】上单击鼠标右键，在弹出的快捷菜单中❷选择【隐藏图表上的所有字段按钮】选项，将所有字段隐藏。❸单击【图表样式】按钮，修改图表的样式和颜色（具体步骤同上一章，此处不重复讲述）。

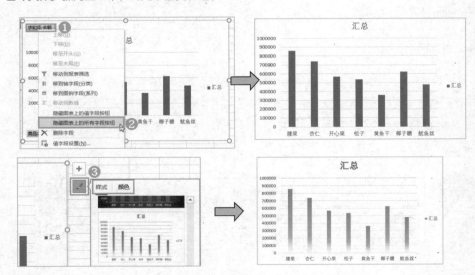

STEP3» 在纵坐标轴上❶单击鼠标右键，在弹出的快捷菜单中❷选择【设置坐标轴格式】选项，打开【设置坐标轴格式】任务窗格。❸在【坐标轴选项】选项卡下【单位】组合框中的【小】文本框中❹输入"300000.0"，坐标轴数字变得疏密适宜。修改图表标题，去掉图例，得到美化后的图表。

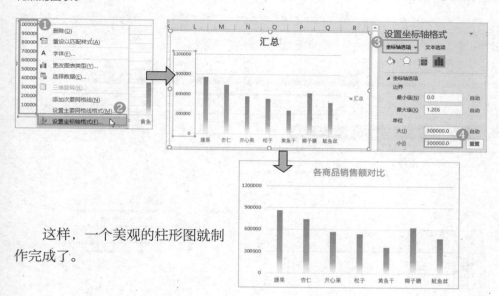

这样，一个美观的柱形图就制作完成了。

9.2.2 条形图

在对"销售合同明细表"中的各客户合同总金额进行分析时，使用了前面介绍的柱形图，却发现柱形图显示的项目名称都是斜的，数据标签也非常拥挤，不仅不美观，还不便于阅读。

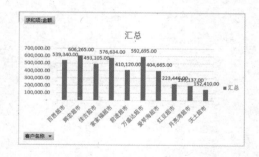

这是因为柱形图的项目是横向排列的，当项目较多、数据标签名字较长时，就会出现项目名称斜向显示，数据标签拥挤的情况。

这时可以选用条形图，具体的操作步骤如下。

配套资源	
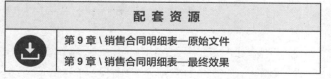 第 9 章 \ 销售合同明细表—原始文件	
第 9 章 \ 销售合同明细表—最终效果	

扫码看视频

STEP1» ❶打开本实例的原始文件，创建并美化数据透视表（具体步骤同上一章）。❷单击数据透视表中的任意单元格，❸切换到【插入】选项卡，在【图表】组中❹单击【插入柱形图或条形图】按钮，在弹出的下拉列表中❺选择【簇状条形图】选项。

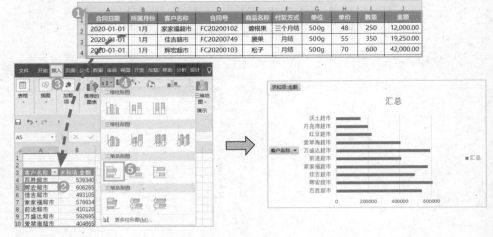

STEP2» 参见上一小节对条形图进行基础美化，包括隐藏图表上的所有字段按钮、修改图表样式和颜色、修改图表标题、去掉图例、设置坐标轴单位。在图表上❶单击鼠标右键，在弹出的快捷菜单中❷选择【添加数据标签】→❸【添加数据标签】选项，❹数据标签添加成功。

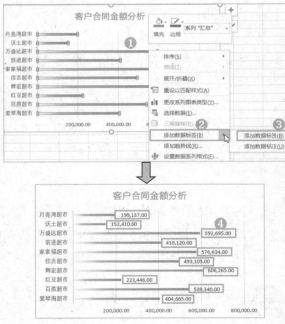

　　这样，一个美观的条形图就制作完成了，项目名称和数据标签的分布都很合适，没有拥挤的感觉。这是因为条形图各项目纵向排列，能够较好地显示项目名称和数据标签，尤其适用于图表项目较多、数据标签较长的情况。

9.3 结构和占比

在做结构和占比分析时，经常会用到饼图和圆环图。

9.3.1 饼图

配 套 资 源
第 9 章 \ 销售合同明细表 01—原始文件
第 9 章 \ 销售合同明细表 01—最终效果

扫码看视频

STEP1» ❶打开本实例的原始文件，创建并美化数据透视表，在【求和项：金额】列的任意单元格❷单击鼠标右键，在弹出的快捷菜单中❸选择【值显示方式】→❹【总计的百分比】选项，得到用来创建图表的数据。

STEP2» 单击数据透视表中的任意单元格，❶切换到【插入】选项卡，在【图表】组中❷单击【插入饼图或圆环图】按钮，在弹出的下拉列表中❸选择【饼图】选项，插入饼图。

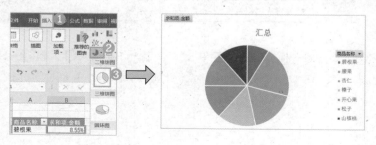

STEP3» 对饼图进行美化，包括隐藏图表上的所有字段按钮、修改图表标题、添加数据标签。在图表空白处单击，图表右侧会显示图表样式按钮，单击图表样式按钮，弹出下拉列表。在【样式】选项卡中选择【样式 6】选项，在【颜色】选项卡中选择【彩色调色板 3】选项。

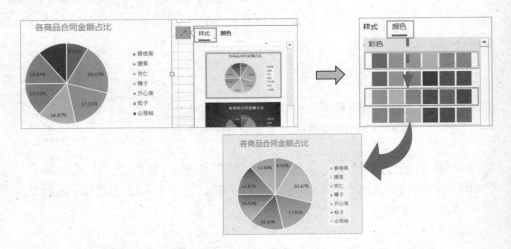

9.3.2　圆环图

　　使用饼图的图表数据来制作圆环图，可以按照 9.3.1 小节制作饼图的方法先插入圆环图，再进行美化，此处不重复讲述。这里要给大家展示另一种快捷方法：通过在饼图上直接修改图表类型，快速得到想要的圆环图。

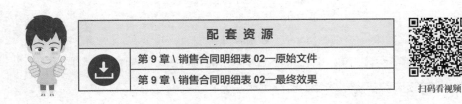

STEP» 打开本实例的原始文件，在饼图上❶单击鼠标右键，在弹出的快捷菜单中❷选择【更改系列图表类型】选项，在弹出的对话框中❸选择【饼图】选项，❹单击【圆环图】按钮，❺单击【确定】按钮，将饼图修改为圆环图。

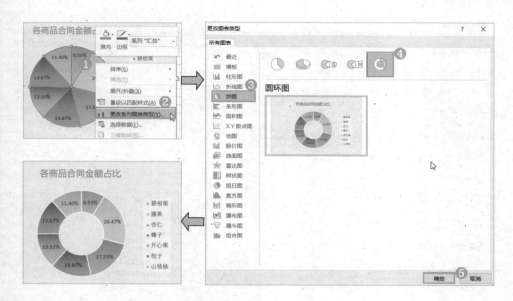

9.4　分布和关联关系

　　分布的图表主要有直方图，关联关系的图表主要有散点图。下面依次介绍这两种图表。

9.4.1　直方图

　　下面分析干果实体店 12 月的进店顾客消费水平，目的是制订春节期间的促销方案。这时用直方图再合适不过了。下面一起看看如何用直方图对进店顾客消费水平进行分析。

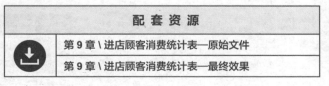

配 套 资 源	
第 9 章 \ 进店顾客消费统计表—原始文件	
第 9 章 \ 进店顾客消费统计表—最终效果	

扫码看视频

STEP1» 打开本实例的原始文件，原始数据可以直接当作图表数据，❶选中【消费金额】列，❷切换到【插入】选项卡，在【图表】组中❸单击【插入统计图表】按钮，在弹出的下拉列表中❹选择【直方图】选项，插入直方图。

STEP2» 修改和美化图表（参见柱形图美化步骤，此处只展示最终效果）。

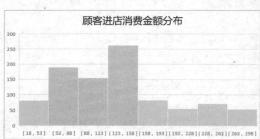

9.4.2 散点图

有一项工作任务是分析【进店量（人次）】与【销量（万元）】列的关系。仔细观察右图数据可以发现，进店量越高，销量越高。但是只通过表格来看，这种联系并不直观，而且不熟悉业务的人，往往发现不了这个规律。

这时就需要用图表来展现这种关系，散点图再合适不过了，它常用来分析两个项目之间的关系。

	A	B	C
1	线下进店人次与销量统计		
2	月份	进店量（人次）	销量（万元）
3	1月	8655	50.82
4	2月	9115	40.54
5	3月	6635	45.09
6	4月	8121	38.81
7	5月	6805	35.58
8	6月	4745	26.58
9	7月	5877	23.37
10	8月	9115	32.75
11	9月	6206	35.39
12	10月	6835	37.58
13	11月	6299	32.75
14	12月	5815	31.55
15	合计	84223	430.82

STEP1» 打开本实例的原始文件，原始数据可以直接当作图表数据，❶选中【进店量（人次）】和【销量（万元）】这两列数据。注意，不要选择【合计】行。❷切换到【插入】选项卡，在【图表】组中❸单击【插入散点图或气泡图】按钮→❹【散点图】选项，插入散点图。

STEP2» 修改和美化图表，具体操作请扫描本小节二维码观看视频，美化后效果如图所示。

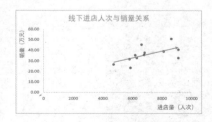

　　这样，一个美观的散点图就制作完成了，趋势线的设置在这里是点睛之笔，让观者一眼就可以看出整体趋势。下一节将介绍趋势走向分析图表。

9.5 趋势走向

趋势走向分析图表主要有折线图、面积图，下面依次进行学习。

9.5.1 折线图

折线图是趋势走向分析中最常见的图表之一，其绘制也很简单，具体的操作步骤如下。

配 套 资 源
第 9 章 \ 销售明细表 01—原始文件
第 9 章 \ 销售明细表 01—最终效果

扫码看视频

STEP1»❶打开本实例的原始文件，创建数据透视表（步骤同前文，这里就不再展示）。❷选中【所属月份】和【求和项：金额】这两列数据，注意不要将【总计】行选进来。❸切换到【插入】选项卡，在【图表】组中❹单击【插入折线图或面积图】按钮→❺【带数据标记的折线图】选项，插入折线图。

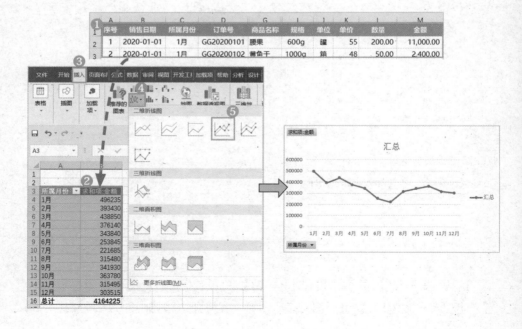

STEP2» 修改图表标题、删除图例、隐藏图表上的所有字段按钮，步骤和前文一样，这里不再具体展示）。❶选中最高点的数据标记，单击鼠标右键，在弹出的快捷菜单中❷选择【设置数据点格式】选项，弹出【设置数据点格式】任务窗格。❸切换到【填充】选项卡，❹单击【标记】按钮，在【标记选项】组合框中❺选中【内置】单选钮，在【类型】下拉列表框中选择第 8 个样式，在【大小】微调框中输入"8"，在【填充】组合框中❻选中【纯色填充】单选钮，❼在【颜色】下拉列表框中选择【红色】选项，❽在【边框】组合框中选中【无线条】单选钮。最低点的设置与最高点的一致。

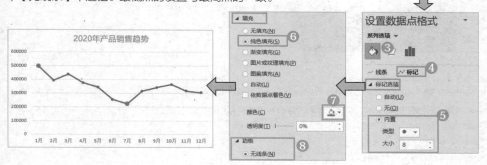

这样，一个重点突出的折线图就制作完成了。将最高点和最低点的数据标记突出显示是点睛之笔，能够让观者一眼就看出销售的淡旺季。

9.5.2 面积图

面积图也是趋势走向分析中常用的图表，其绘制的方式和折线图一样，也可以直接将折线图修改为面积图，具体的操作步骤如下。

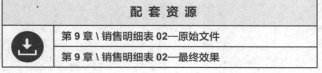

配 套 资 源
第 9 章 \ 销售明细表 02—原始文件
第 9 章 \ 销售明细表 02—最终效果

扫码看视频

STEP1» 在图表上单击鼠标右键，在弹出的快捷菜单中❶选择【更改图表类型】选项，在弹出的对话框中选择【面积图】选项，❷单击【面积图】按钮，将折线图修改为面积图。

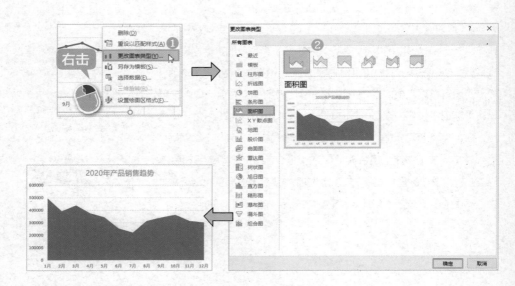

STEP2» ❶单击图表样式按钮，在【样式】选项卡下选择【样式 10】选项，在【颜色】选项卡下选择【彩色调色板 4】选项，❷将多余的数据标签删掉，只保留最高点和最低点的数据标签。

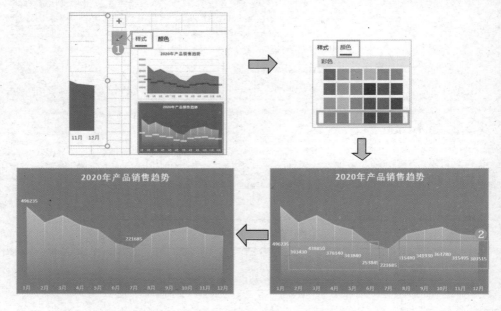

这样，一个美观又重点突出的面积图就制作完成了。依然将最高点和最低点突出显示，轻松展示销售的淡旺季。

实战技巧

将图表格式复制给其他图表

每次做图表时，都要重新修改和美化图表，特别浪费时间。其实不需要那么麻烦，可以直接将图表格式复制给其他图表，具体的操作步骤如下。

STEP» ❶单击模板图表，按【Ctrl+C】组合键，❷单击右边的新图表，按【Ctrl+V】组合键，将模板图表的格式复制给新图表。

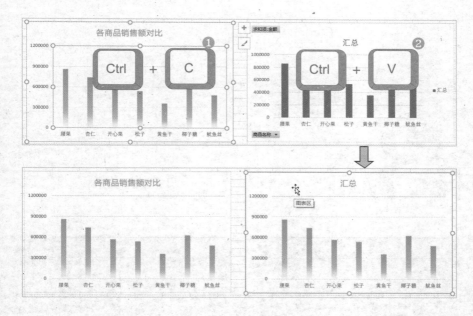

第3篇

合理设计，精彩地呈现各类报告

PPT是用于展示和传递信息的，既要能准确地传达信息，又要在视觉上具有美感，只有这样才能便于他人阅读、观看报告，因此PPT的合理设计是至关重要的。

第 10 章
重新认识 PPT

- PPT 由哪些部分构成？
- 设计 PPT 应该遵循怎样的流程？

10.1　PPT的构成

　　一份完整的 PPT 通常由封面页、目录页、过渡页、正文页和结尾页 5 个部分组成。其中封面页、目录页、正文页和结尾页这 4 个部分是必须有的，过渡页可以根据情况设置或删除。

　　一份包含 5 个完整部分的 PPT 如下图所示。

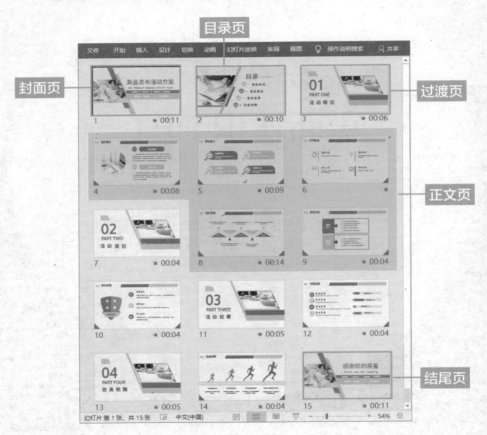

封面页顾名思义就是 PPT 的"门面"，是 PPT 最开始的部分，也是决定 PPT 整体风格的重要起始页。

目录页不仅能让观者快速了解 PPT 的内容，还能帮助观者梳理清楚整个 PPT 的脉络和框架。

过渡页又称转场页，它能起到承上启下的作用，让每一部分的内容各自独立又流畅衔接，让思维逻辑更加清晰、缜密。

正文页是整个 PPT 的核心部分，也是 PPT 内容的重要组成部分。这部分内容比较多，因此，合理的排版显得尤为重要。

结尾页就是 PPT 的结束页，到这里 PPT 基本上就完结了，结尾页不承担重要信息，一般以致谢、总结等内容为主，风格也大都与封面页一致。

通过上面的学习，相信读者对 PPT 的结构已经了解了？对 PPT 整体有全面的了解，能够为我们制作完整的 PPT 奠定基础。

10.2　PPT的设计流程

制作 PPT 时，很多人都是直接在构思内容时才考虑每一页的标题和上下页的逻辑关系。

PPT 虽然是一个很好的演示工具，但它并不适合整理思路。PPT 是目的展示，它是持续吸引观者注意力的视觉工具，是为达成沟通或说服目的的辅助工具。

好的 PPT 不仅要让制作人自己满意，而且要让别人满意。通过充分的沟通弄清楚演讲者、观者的需求，才能做出一份令大家都满意的 PPT。

第 1 步：明确主题和用途

在制作 PPT 前，我们首先要清楚 PPT 要表达的主题是什么，其用途是什么。明确 PPT 要表达的主题和用途是为了方便我们确定 PPT 的结构。例如，要向客户推广新产品，那么 PPT 要表达的主题肯定就是新产品，PPT 的用途就是推广。

第 2 步：确定结构

一个完整的 PPT 可能包含几个或十几个，甚至更多的页面，观者只有连贯阅读这些页面，才能完整地了解 PPT 要表达的内容。所以从 PPT 内容的结构和形式上来看，PPT 就像是一篇完整的文章，有标题、目录、正文和结尾。

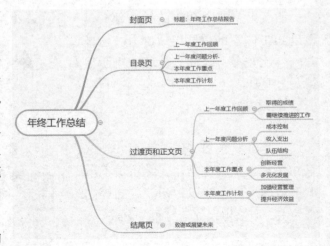

在确定 PPT 的结构时，我们可以通过思维导图的形式，先根据主题确定思维导图，然后将思维导图中的内容对应到页面的框架文案和要点上，得到 PPT 的结构框架。

🖱 第 3 步：梳理文案

拿到文案后，首先要根据 PPT 的结构对文案进行提炼和梳理，找出 PPT 的核心观点，便于观者高效地吸收信息，快速地抓住 PPT 的重点。其次，文字少一些，也更便于对 PPT 进行设计。

🖱 第 4 步：确定风格

确定风格主要指确定 PPT 的设计风格。PPT 风格的确定一方面取决于 PPT 的主题，另一方面取决于观者。例如，如果 PPT 的主题是工作总结，那么通常使用商务风或简约风，如果使用卡通风，就会显得太过随意，不够严谨。

🖱 第 5 步：制作幻灯片

PPT 的主题、结构文案和风格确定好以后，就可以动手制作了。在制作的过程中，我们要充分利用相关功能，让制作过程更快捷。通常一个完整的 PPT 中各页面的背景是相同的，所以我们可以直接创建一个母版，在母版中设置背景，这样就可以省去反复设置背景的麻烦。封面页、目录页和结尾页通常都只有一页，可以直接制作。过渡页和正文页的内容比较多，但通常页眉和页脚也是相同的，所以可以将相同的内容在母版中制作好，然后在制作的时候直接选用母版进行修改。

🖱 第 6 步：检查并保存

对任何工作，我们都不仅要做到善始，更要做到善终。PPT 做得再好，最后不保存都等于白做。因此，在做完 PPT 之后，一定要记得保存。

另外，在保存 PPT 时，建议大家既要保存一份 .pptx 格式文档，也要保存一份 .ppt 格式的文档。因为我们不能确定制作 PPT 的计算机上的软件版本与其他计算机上的是一样的，所以保留两种版本的 PPT，可以保证文件在需要的时候能顺利打开。

第 11 章

合理设计 PPT 中的
各种元素

- 文案是 PPT 的灵魂。
- 图片为 PPT 锦上添花。
- 图表使 PPT 更具说服力。
- 图示使 PPT 更直观。
- 音频和视频使 PPT 更生动。

在上一章中，我们已经了解了 PPT 的构成及设计流程。在 PPT 中插入页面的方式比较简单，启动 PowerPoint 程序后，在左侧的导航窗格中❶单击鼠标右键，在弹出的快捷菜单中❷选择【新建幻灯片】选项，为 PPT 添加一个新的幻灯片页面。

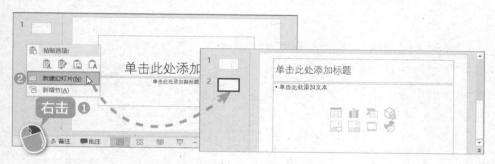

添加幻灯片页面后，在导航窗格中的幻灯片上单击鼠标右键，在弹出的快捷菜单中❶选择【版式】选项，在【版式】库中❷选择一种合适的版式（如【空白】）。

插入幻灯片页面后，接下来就需要在幻灯片中插入各种不同的元素了。

11.1 将"企业管理培训"的文案输入PPT中

根据上一章中讲解的 PPT 设计流程可以知道，要在 PPT 中输入文案，首先要对文案进行梳理。

11.1.1 梳理文案，精简文字

在 PPT 中输入文案后，有时 PPT 看起来不好看，这是因为文案没有经过梳理、精简，大段大段的文字怎么排放都不会好看。

因此，在设计 PPT 时，我们要尽量避免直接把 Word 文档里的文字复制到 PPT 中。

如何才能简单、快速地从大段文字中提炼出精简的文案呢？一起来通过一个案例学习具体的制作方法吧。

右图所示为从 Word 文档中截取的一段文字。

直接把 Word 文档里的文字原封不动地复制进 PPT 中的效果如右图所示。

如果将这段文字精简，并分配到两个幻灯片页面上，效果如下图所示。

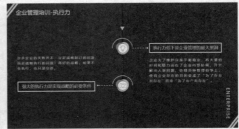

是不是顿时觉得有了阅读的兴趣？在 PPT 中输入文案时，首先要对文案进行梳理、精简，然后再将其输入幻灯片页面中。那么应该如何对文案进行梳理、精简呢？

在确定了基本的文案之后，首先要对文案进行分层，然后分别对各层次的内容进行精简、提炼。

首先来分析一下这个文案。文案的大标题为"执行力的重要性"，具体的文案内容应该都是围绕这个主题的，如果文案中存在不相关的内容，应该将其删除。

接下来，可以根据分析角度的不同，对文案的结构进行划分。此处的文案可以划分为两部分：一部分是"为什么结果达不到预期"（第一段内容），另一部分是"执行力低下或缺少执行的后果"（第二段至第三段内容）。

将文案分成两部分之后，接下来分别分析两部分文案的逻辑关系。第 1 部分文案的主要内容是 4 个"为什么"，这 4 个"为什么"属于并列关系。而第 2 部分文案的内容分别介绍执行力低下或缺少执行的后果，也属于并列关系。至此，文案的逻辑关系就梳理清楚了。

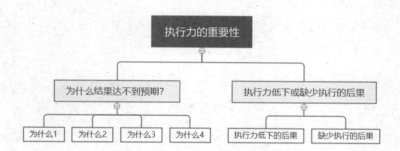

结构梳理清楚后，还要精简文字。

先来看第 1 部分：这部分的主要作用是引出"执行不力"，通过 4 个"为什么"给观者留下深刻印象，至于结论，演讲者可以通过 4 个"为什么"引出，因此 PPT 文案中只需保留 4 个"为什么"即可。

为什么无懈可击的战略方案达不到预期的效果？为什么经过科学论证的目标不能如愿变成具体的结果？为什么小心翼翼费尽心思却被对手抢占先机？为什么同样的计划、同样的策略，业绩却相差十万八千里？一系列的"为什么"让人很难找出理想的答案！但是，这些"为什么"的背后都隐含着一个重要的现实，那就是——执行不力！

接下来看第 2 部分：第 2 部分本身的文字内容很多，即使经过删减，文字依然不少。

　　为了方便阅读，我们还需要对每一段的关键词进行提炼。从各段文字中分别提取出几个关键字，让观者在观看 PPT 的时候，可以先通过关键字了解段落的内容，继而激发观者继续阅读的兴趣。

　　至此，文案就梳理完成了，接下来就可以将其输入 PPT 中了。

11.1.2 如何在 PPT 中输入文字

　　PPT 中的占位符、文本框、形状等都可以输入文字。占位符通常来源于母版。启动 PowerPoint 程序后，如果新建的幻灯片页面不是空白页面，通常页面中会有一个或多个占位符。

　　在占位符文本框中单击即可进入编辑状态，进行文字输入了。

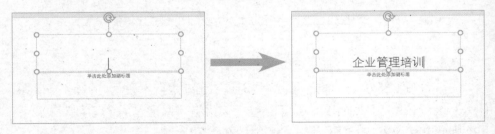

　　如果 PPT 中的幻灯片页面中没有占位符文本框，我们可以通过插入文本框的方式，在幻灯片页面中输入文字。

　　在幻灯片页面中插入文本框的方法有两种：一种是在【插图】组中单击【形状】按钮，然后在弹出的下拉列表中选择【文本框】选项，另一种是直接单击【文本】组中的【文本框】按钮。

 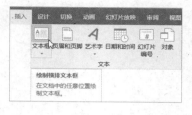

下面通过一个具体实例来学习如何在幻灯片中插入文本框并输入文字。

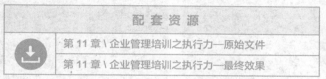

扫码看视频

STEP1» 打开本实例的原始文件，❶切换到【插入】选项卡，在【文本】组中❷单击【文本框】按钮的上半部分。

STEP2» 将鼠标指针移动到幻灯片的编辑区域，鼠标指针变成"十"字形状。按住鼠标左键，拖曳鼠标指针进行绘制，绘制完毕后释放鼠标左键。

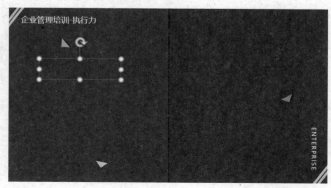

STEP3» 绘制完成后，光标自动定位到文本框中，可以直接输入文字。

STEP4» 用相同的方法将文案都输入幻灯片页面中。

11.1.3 字体设置原则

在 PPT 中输入文字之后，还需要对文字的字体、颜色、字号和字形等进行一系列的设置，使其符合大部分观者的审美需求。

🖱 选择字体

从字形上来说，字体可以分为衬线字体和无衬线字体两类。衬线字体是指在字的笔画开始、结束的地方有额外的装饰，而且笔画的粗细有所不同。无衬线字体没有额外的装饰，而且笔画的粗细差不多。同一个文字，衬线字体和无衬线字体给人的视觉冲击和感觉大不相同。

有衬线（楷体）   无衬线（微软雅黑）

衬线字体一般代表高贵、优雅、艺术、复古，使用衬线字体的 PPT 给人的感觉会比较柔和、轻松；而无衬线字体一般代表现代、简洁、低调，使用无衬线字体的 PPT 往往让人感觉比较商务、严肃、严谨。因此，字体的选择与 PPT 的风格是紧密相关的。

　　下面左图所示的 PPT 的主题是智能家居宣传，PPT 的风格比较清新、优雅，目的是给观者轻松的感觉，这类 PPT 通常可以选择衬线字体。

　　而下面右图所示的 PPT 是一份团建活动的策划方案，相对比较严谨，PPT 的风格相对商务，在选择字体的时候就应以无衬线字体为主。

选择字号

　　在 PPT 中，控制好字号大小是至关重要的。字号太小，观者不容易看清其中的内容。字号太大，又会比较突兀。

　　在 PPT 中，正文字号一般控制在 14~20，标题字号一般至少比正文大 6 个字号。

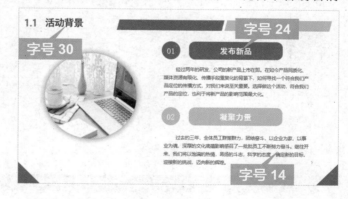

选择字体颜色

　　选择字体颜色的原则是字体与背景的颜色采用对比色，或者使用不同饱和度的类似色。

　　简单来说，就是字体的颜色可以遵循以下搭配原则：浅色背景搭配深色文字，深色背景搭配浅色文字。例如，白底黑字、蓝底白字等。

白底黑字　　　蓝底白字

切记不要出现浅色背景搭配浅色文字，深色背景搭配深色文字的情况。

🖱 设置字形

在设计中，通常使用加粗字体的方式来强调文案中的关键内容。加粗之后，标题更明显，更利于阅读。

除此之外，我们还可以对文字的字符间距、段落等进行一系列的设置。下面通过一个具体实例来讲解如何对 PPT 中的文字进行设置。

扫码看视频

STEP1» 打开本实例的原始文件，❶选中正文所在的所有文本框，❷切换到【开始】选项卡，❸单击【字体】组中的对话框启动器按钮 ☑ 。

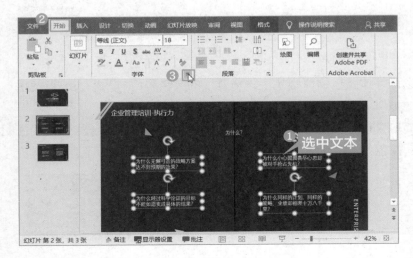

STEP2» 弹出【字体】对话框，按图所示操作，设置字体和字号。

　　根据字体的选择原则，当前 PPT 的主题是执行力，其风格相对来说是比较严肃的，应该选用无衬线字体，所以此处选择了微软雅黑。字号也是根据正文的字号通常选择 14~20 的原则选择了 14 号。至于字体颜色，由于背景颜色比较深，所以字体颜色应该选择比较浅的颜色，此处选择默认的白色。

STEP3» 切换到【字符间距】选项卡，设置字间距，单击【确定】按钮。

STEP4»PPT 中默认文字的行间距一般都是单倍行距，显得比较拥挤，通常需要将其设置为 1.2~1.5 倍行距。单击【段落】组中的对话框启动器按钮 。

STEP5» 弹出【段落】对话框，设置行间距，单击【确定】按钮。

STEP6» 返回 PPT 中，按照相同的方法设置其他文本的字体格式。

STEP7» 整体的字体设置完成后，如果有需要特别强调的文字，可以单独为其设置加粗和字体颜色。选中第 3 张幻灯片中需要强调的文本，打开【字体】对话框，在【字体样式】下拉列表框中❶选择【加粗】选项，❷单击【字体】颜色下拉按钮，在弹出的颜色列表中选择一种可以起到强调作用的颜色，❸单击【确定】按钮。

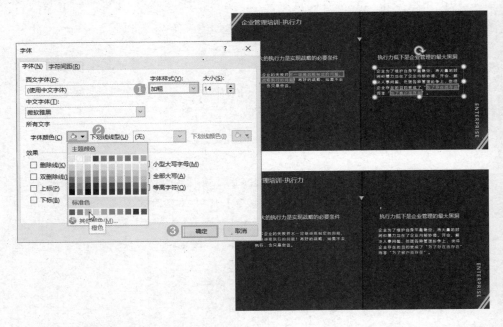

　　纯文字的幻灯片比较单调，可以为其添加一些图片或形状，使其更具可读性。关于图片和形状的添加，本章后面会详细介绍。

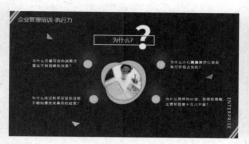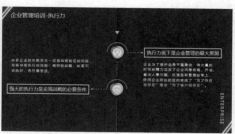

11.2　图片，为"产品营销策划"锦上添花

图片也是 PPT 设计中经常使用的元素之一。在 PPT 中插入图片一方面可以使 PPT 的页面更加丰富、好看，另一方面可以帮助观者理解 PPT 内容。

11.2.1　选择图片的原则

好的配图可以为 PPT 起到画龙点睛的作用，而糟糕的配图对 PPT 来说只会是画蛇添足。因此，在 PPT 设计时选择图片也是至关重要的。在选择图片时，通常需要遵循以下 3 个原则。

同一个 PPT 中使用的图片的风格要一致

PPT 中配图的基本要求是风格保持一致。在 PPT 中，可以使用实物图，可以使用插画，也可以使用扁平化图标，但是不能把多种不同风格的图片使用到同一个 PPT 中。

图片呈现的内容要与 PPT 文案的内容匹配

图片内容与文案内容匹配的目的是帮助观者理解演讲主题与演讲内容，顺便起到丰富画面的作用。

图片的清晰度要足够

插入 PPT 中的图片的清晰度一定要足够，如果清晰度不够，将其插入 PPT 之后会影响整体视觉效果。

11.2.2 如何在 PPT 中插入图片

　　在 PPT 中常用的插入图片的方法有两种：一是通过工具栏插入图片；二是通过拖曳鼠标指针插入图片。

 **方法 1：通过工具栏插入图片**

　　下面通过一个具体实例来讲解如何通过工具栏在 PPT 中插入图片。

配 套 资 源
第 11 章 \ 图片 01—素材文件
第 11 章 \ 产品营销策划—原始文件
第 11 章 \ 产品营销策划—最终效果

扫码看视频

STEP1» 打开本实例的原始文件，❶切换到【插入】选项卡，在【图像】组中❷单击【图片】按钮，在弹出的下拉列表中❸选择【此设备】选项。

STEP2» 弹出【插入图片】对话框，找到素材图片的位置，单击【插入】按钮。

STEP3» 选中图片，按住鼠标左键，将其拖曳到合适的位置。

 **方法 2：通过拖曳鼠标指针插入图片**

　　通过拖曳鼠标指针插入图片的方法很简单，只需选中需要插入的图片，然后按住鼠标左键，拖曳鼠标指针，将图片拖曳到幻灯片中，释放鼠标左键。

11.2.3 如何在 PPT 中设置图片

在设计 PPT 时，直接插入 PPT 中的图片有时会显得比较突兀，这时就需要我们掌握一定的图片处理技巧。

更改图片样式

可以通过更改图片样式来使图片与 PPT 融合。

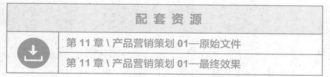

扫码看视频

STEP1» 打开本实例的原始文件，选中图片，打开【图片工具】工具栏。

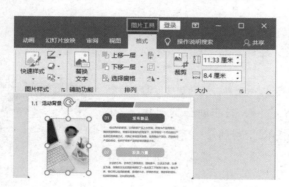

STEP2» ❶切换到【图片工具】工具栏的【格式】选项卡，在【图片样式】组中❷单击【其他】按钮，在弹出的图片样式库中❸选择一种合适的样式。

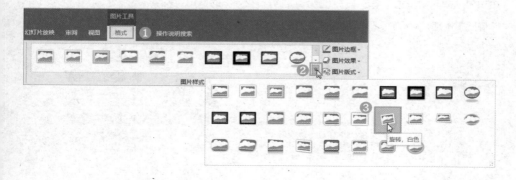

自定义设置图片样式

　　除了可以使用系统自带的图片样式外，还可以根据需要自定义图片的样式，例如更改图片的形状，为图片设置阴影等。

配 套 资 源
第 11 章 \ 产品营销策划 02—原始文件
第 11 章 \ 产品营销策划 02—最终效果

扫码看视频

STEP1» 打开本实例的原始文件，选中图片，❶切换到【图片工具】工具栏的【格式】选项卡，在【大小】组中❷单击【裁剪】按钮的下半部分，在弹出的下拉列表中❸选择【纵横比】→【1：1】选项，系统即可自动按图片的短边形成一个 1：1 的裁剪区域。

STEP2» ❶再次单击【裁剪】按钮的下半部分，在弹出的下拉列表中❷选择【裁剪为形状】→【椭圆】选项，可以看到图片被裁剪为圆形。

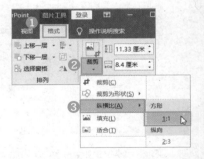

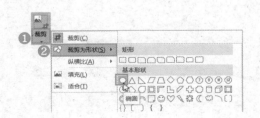

STEP3» 选中图片，单击【图片样式】组中的对话框启动器按钮 ⬜ ，弹出【设置图片格式】任务窗格。在【预设】下拉列表中系统提供了多种阴影样式，可以根据需求进行选择。

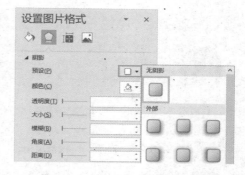

STEP4» 如果预设的阴影中没有适合图片的阴影，也可以通过设置阴影的【颜色】【透明度】【大小】【模糊】【角度】【距离】来自定义阴影效果。

11.3　图表，让"离职数据分析"更具说服力

　　表格和图表也是 PPT 中不可或缺的元素。表格可以帮助展现数据，图表则可以清晰地展示数据的变化规律，使 PPT 更具说服力。

11.3.1　使用表格，展示数据

　　当 PPT 中涉及数据问题的时候，使用表格可以更清晰地表述数据信息。下面我们就先来看一下如何在 PPT 中插入表格。

如何在 PPT 中插入表格

配 套 资 源
第 11 章 \ 离职数据分析—原始文件
第 11 章 \ 离职数据分析—最终效果

扫码看视频

STEP1» 打开本实例的原始文件，❶切换到【插入】选项卡，在【表格】组中❷单击【表格】按钮，在弹出的下拉列表中❸选择【插入表格】选项。

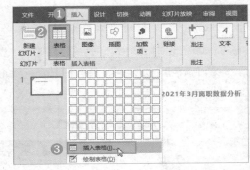

STEP2» 弹出【插入表格】对话框，插入一个 6 列 7 行的表格。

如何让 PPT 中的表格更美观

配 套 资 源
第 11 章 \ 离职数据分析 01—原始文件
第 11 章 \ 离职数据分析 01—最终效果

扫码看视频

要对 PPT 中的表格进行美化，通常可以从以下几个方面进行。

（1）设置表格中的字体、字号

表格中的字体一般与幻灯片页面中的其他字体保持一致，字号一般与正文字号保持一致。

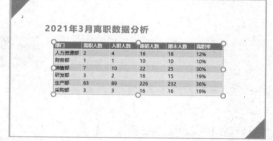

（2）设置表格的边框和底纹

PPT 中插入的表格都是带有样式的，但是默认的样式不一定符合 PPT 风格。例如本实例中，首先表格默认带有蓝色底纹，与 PPT 的主色调不搭；其次底纹和边框都可以区分数据的行或列，边框和底纹通常选择一种即可。此处以选择边框为例，进行具体介绍。

STEP1» 打开本实例的原始文件，❶选中整个表格，❷切换到【表格工具】工具栏的【设计】选项卡，在【表格样式】组中❸单击【底纹】按钮右侧的下拉按钮，在弹出的下拉列表中❹选择【无填充】选项。

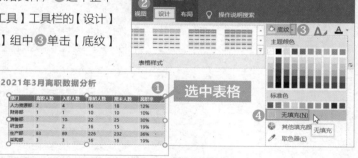

STEP2» ❶单击【边框】按钮右侧的下拉按钮，在弹出的下拉列表中❷选择【无框线】选项。

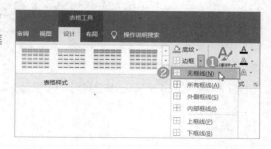

Tips

在 PPT 中设置表格的边框和底纹时，为了不受原样式中边框和底纹的影响，通常需要先将表格的边框和底纹清除，再设置新的边框和底纹。

STEP3» 表格中标题行一般是需要突出显示的，常用的方法有增大字号、加粗和添加底纹，此处为其添加与 PPT 主色一致的底纹。选中标题行，在【表格样式】组中①单击【底纹】按钮右侧的下拉按钮，在弹出的下拉列表中②选择【取色器】选项。

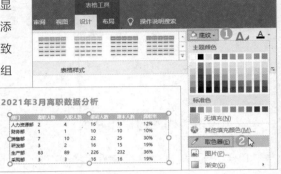

STEP4» 可以看到鼠标指针在编辑区变成吸管形状，将鼠标指针移动到 PPT 主色上，单击，将主色应用到表格的标题行中。

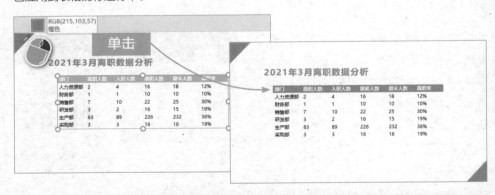

STEP5» 选中整个表格，在【绘制边框】组中①单击【笔颜色】按钮，在弹出的下拉列表中②选择【最近使用的颜色】→【橙色】选项。

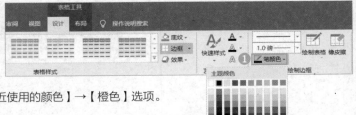

STEP6» 在【表格样式】组中❶单击【边框】按钮右侧的下拉按钮，在弹出的下拉列表中❷选择【内部横框线】选项。

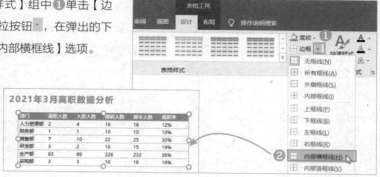

STEP7» 由于标题行填充了底纹，为了使底部框线与标题行首尾呼应，可以将底部框线设置为粗框线。在【绘制边框】组中的【笔画粗细】下拉列表框中❶选择【3.0磅】选项，在【表格样式】组中❷单击【边框】按钮右侧的下拉按钮，在弹出的下拉列表中❸选择【下框线】选项，将表格的下框线设置为 3 磅的粗框线。

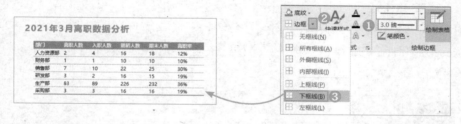

STEP8» 由于当前表格的列数不多，内容也较少，可以通过增加列宽的方式来调整表格格式，而不用添加列框线。同时，当前幻灯片页面下方的留白比较大，可以适当增加表格的行高，以提升阅读的舒适感。❶切换到【表格工具】工具栏的【布局】选项卡，在【单元格大小】组中调整【高度】和【宽度】微调框中的数值，此处在【高度】和【宽度】微调框中分别❷输入"1.4厘米"和"4.2 厘米"。

STEP9» 增加行高和列宽后，可以看到表格中的文字都是水平左对齐、垂直靠上对齐的。这样不美观，可以将水平和垂直方向都设置为居中对齐。在【对齐方式】组中依次单击【居中】和【垂直居中】按钮进行设置。

部门	离职人数	入职人数	期初人数	期末人数	离职率
2021年3月离职数据分析					
人力资源部	2	4	16	18	12%
财务部	1	1	10	10	10%
销售部	7	10	22	25	30%
研发部	3	2	16	15	19%
生产部	83	89	226	232	36%
采购部	3	3	16	16	19%

通过简单的设置，表格看起来美观了许多。

11.3.2 使用图表，展现规律

PPT 中的表格虽然可以展现具体数据，但是若要体现数据的变化规律，还是要使用图表。

虽然 PPT 中可以直接根据表格中的数据绘制图表，但是通常情况下这些图表在 Excel 中做数据分析的时候已经绘制好了，我们完全可以直接将图表从 Excel 中复制到 PPT 中。这样不仅方便、快捷，而且可以实现图表与表格数据的联动。具体的操作步骤如下。

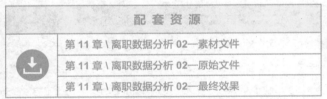

配套资源
第 11 章 \ 离职数据分析 02—素材文件
第 11 章 \ 离职数据分析 02—原始文件
第 11 章 \ 离职数据分析 02—最终效果

扫码看视频

STEP1» 打开本实例的素材文件（Excel 文件），选中其中的图表，按【Ctrl+C】组合键复制。打开原始文件（PPT 文件），按【Ctrl+V】组合键粘贴，将图表带链接地复制到 PPT 中。

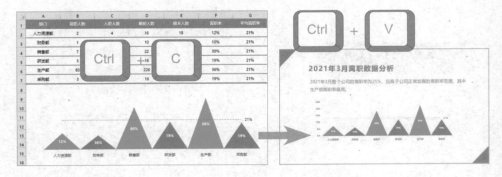

STEP2» 此时更改 Excel 中的数据，PPT 中的图表也会随之变化。

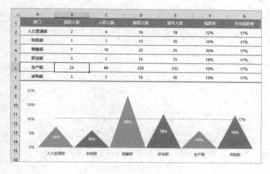
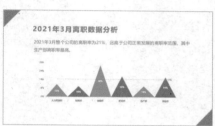

Tips

　　这里要注意，复制图表后，不可以更改 Excel 表格的位置，否则会断开链接。

11.4　图示，直观展示"企业战略人才培养"的流程

　　图示是指用一系列几何符号（如线、矩形、圆形、三角形等）与矢量图形来可视化地展现事物各部分的内涵及各部分之间的逻辑关系。当 PPT 的文案中有描述逻辑关系的文字部分时，可以使用图示来表现它们，因为使用图示可以帮助观者更形象地了解元素之间的逻辑关系。

　　例如，要介绍"企业战略人才培养计划"文案中的 4 个计划，因为它们是循序渐进的，所以可以使用相应图示来表示这种循序渐进的关系。

11.4.1　SmartArt 图形——好用的图示工具

　　SmartArt 图形可以说是 PPT 初学者使用图示表现逻辑关系的一个利器。SmartArt 图形中默认有多种关系图示，读者可以根据需要直接选择一种合适的关系图示，并在其基础上稍做修改即可。具体的操作步骤如下。

配 套 资 源	
第 11 章 \ 企业战略人才培养——原始文件	
第 11 章 \ 企业战略人才培养——最终效果	

扫码看视频

STEP1» 打开本实例的原始文件，❶切换到【插入】选项卡，在【插图】组中❷单击【SmartArt】按钮。

STEP2» 弹出【选择 SmartArt 图形】对话框，根据文案从中选择一种合适的关系图示。

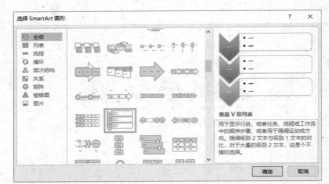

STEP3» 返回幻灯片页面，可以看到【垂直 V 形列表】已经插入了，同时在菜单栏中弹出【SmartArt 工具】工具栏。直接在需要输入文字的形状上单击，进入文字编辑状态，输入文字，并进行相应的设置。

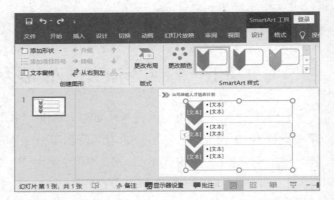

STEP4» 由于企业战略人才培养有 4 项计划，而默认插入的图示中仅可以填写 3 项，因此需要再添加一个形状。选中 SmartArt 图示，❶切换到【SmartArt 工具】工具栏的【设计】选项卡，在【创建图形】组中❷单击【添加形状】按钮的左半部分，在图示的最后添加一个形状。

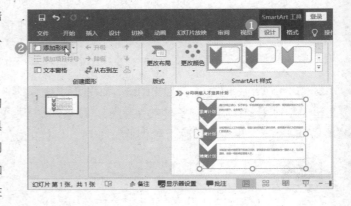

STEP5» 这里需要注意的是，新插入的形状不可以直接通过单击的方式进入编辑状态，而是需要单击鼠标右键，在弹出的快捷菜单中选择【编辑文字】选项才能进入编辑状态，然后输入并设置文字。

STEP6» 如果对插入的图示不满意，可以利用 PowerPoint 提供的丰富的样式，快速地对 SmartArt 图形进行美化。切换到【SmartArt 工具】工具栏的【设计】选项卡，可以从❶【SmartArt 样式】库中选择合适的 SmartArt 样式。此外，还可以通过【SmartArt 样式】组中的【更改颜色】按钮❷更改 SmartArt 图形的颜色。

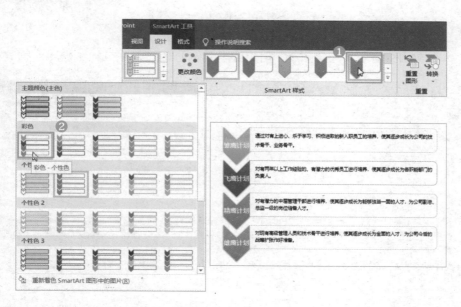

11.4.2 自由组合形状、构建新的图示

在 PPT 中，我们既要表现元素之间的逻辑关系，又要兼顾美观。当系统自带的图示不能满足当前幻灯片的美观要求或者逻辑要求时，我们可以自由组合一些形状，构建新的图示。

右图所示的幻灯片就是自由组合形状构建的图示。这个图示是怎样制作的呢？

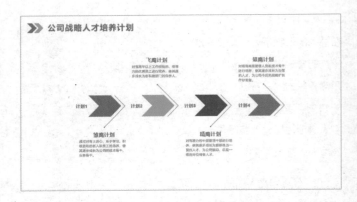

配　套　资　源
第 11 章 \ 企业战略人才培养 01—原始文件
第 11 章 \ 企业战略人才培养 01—最终效果

扫码看视频

要自由组合形状构建图示，首先要学会如何在 PPT 中插入、编辑形状。

STEP1» 打开本实例的原始文件，❶切换到【插入】选项卡，在【插图】组中❷单击【形状】按钮，在弹出的下拉列表中选择合适的形状，例如❸选择【箭头：V 形】选项。

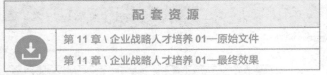

STEP2» 鼠标指针变成"十"字形状，此时在编辑区按住鼠标左键拖曳鼠标指针绘制一个"V"形箭头，连续按 3 次【F4】键，再复制 3 个"V"形箭头，并分别将其移动到合适的位置。

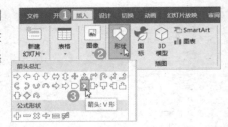

STEP3» 选中某一个形状，切换到【绘图工具】工具栏的【格式】选项卡，在【形状样式】组中，更改其形状样式或修改其填充颜色和轮廓颜色。

STEP4» 插入肘形连接符的插入方式与插入 "V" 形箭头是一致的，只是默认插入的肘形连接符是带两个拐角的，而此处只需要一个拐角。只需移动中间的控制点，使其与另两个控制点中的一个在同一直线上。

STEP5» 默认插入的肘形连接符的两端都是没有箭头的，而此处需要的肘形连接符的一端为圆形箭头，因此需要设置肘形连接符的箭头类型。在肘形连接符上单击鼠标右键，在弹出的快捷菜单中❶选择【设置形状格式】选项，弹出【设置形状格式】任务窗格，在【填充】选项卡中的❷【结尾箭头类型】下拉列表框中选择【圆形箭头】选项。

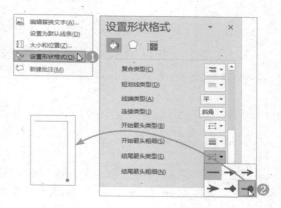

STEP6» 设置完毕，返回编辑区。将肘形连接符旋转到合适的角度，复制 3 个相同的肘形连接符，将 "V" 形箭头和肘形连接符进行合适的排列组合，输入文案内容。

11.5　音频、视频，使 "新书策划宣传" 更生动

在制作 PPT 的过程中，为了使 PPT 更生动，有时还需要根据情境适当地添加一些视频和音频。

11.5.1　为 PPT 插入视频

在 PPT 中，不仅需要插入文字和图片，有时可能还需要通过视频来辅助讲解。例如在宣传产品时，经常会通过视频来演示产品的一些功能，以达到更好的宣传效果。

例如，在做新书策划宣传的 PPT 时，可以在新书概述页添加一个有关新书的视频介绍，加深观者对新书的印象。

在 PPT 中插入视频，传统的方法是利用【插入】选项卡中的【插入视频】按钮，具体的操作步骤如下。

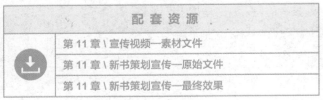

扫码看视频

STEP1» 打开本实例的原始文件，切换到第 4 页。❶切换到【插入】选项卡，在【媒体】组中❷单击【视频】按钮，在弹出的下拉列表中❸选择【PC 上的视频】选项。

STEP2» 弹出【插入视频文件】对话框，找到视频文件并将其选中，单击【插入】按钮，将其插入 PPT 的当前活动页面中。

Tips

  PowerPoint 默认插入的视频占满整个页面，这样会影响 PPT 内其他内容的展示。因此，在 PPT 中插入视频后，还需要对视频进行一些简单的设置，使视频在不播放的时候隐藏，在需要播放的时候全屏播放。

STEP3» 选中插入的视频，❶切换到【视频工具】工具栏的【播放】选项卡，在【视频选项】组中❷勾选【全屏播放】和【未播放时隐藏】复选框。

STEP4» 勾选了【全屏播放】和【未播放时隐藏】复选框后，PPT 在播放时是没有问题的，但是在设置时，视频仍然会显示在幻灯片页面上，影响页面内其他元素的设置。可以拖曳视频的控制点，将视频界面缩小，并将其移动到页面外，其他元素设置完成后再将其移回页面内。

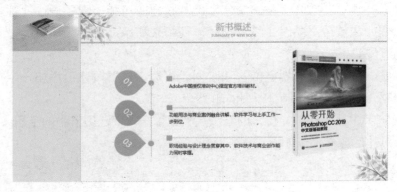

11.5.2 为 PPT 添加背景音乐

在 PPT 中插入音频的方法与插入视频的方法一致，只要在【媒体】组中单击【音频】按钮即可，具体的操作此处不赘述。

需要注意的是，将音频插入 PPT 后，如果不加以设置，就只会在当前页播放，一旦翻页，音频就会中断。要想将其变为可以持续播放的背景音乐，需要对其进行以下设置。

扫码看视频

STEP» 在 PPT 中插入音频后，选中插入的音频小喇叭按钮，❶切换到【音频工具】工具栏的【播放】选项卡，在【音频样式】组中❷单击【在后台播放】按钮，随即【音频选项】组中的【跨幻灯片播放】【循环播放，直到停止】【放映时隐藏】复选框会被自动勾选，且【开始】条件变为【自动】。此时再播放 PPT，插入的音频就变成了自动播放的背景音乐了，而且播放时，页面上的小喇叭按钮会被隐藏。

第 12 章
学会使用这些工具，
PPT 排版、应用更高效

- PPT 排版的原则。
- 小工具助力排版加速。
- 母版助力快速排版。
- 动画使 PPT 更灵动。
- PPT 的放映与导出。

12.1　快速排版"交流沟通技巧"

　　排版的一项重要原则就是对齐，在 PPT 中应该怎样快速对齐不同的元素呢？下面一起来学习一下。

配 套 资 源
第 12 章 \ 交流沟通技巧—原始文件
第 12 章 \ 交流沟通技巧—最终效果

扫码看视频

12.1.1　排版的好帮手——智能参考线

　　智能参考线在 PPT 中是默认开启的，之所以说其智能，是因为它可以自动感知判断。当在幻灯片页面中调整某一对象时，PowerPoint 会判断该对象是否要与某对象对齐，或者间距相等，又或者其大小与某对象相同，判断出结果后，系统会自动弹出红色的虚线进行提示。

12.1.2　快速对齐多个对象

　　除了智能参考线外，PowerPoint 还提供了一个对齐工具，方便用户同时对齐多个对象。下面通过一个具体实例来学习如何快速对齐多个对象。

STEP» 打开本实例的原始文件，选中所有需要对齐的元素，❶切换到【绘图工具】工具栏的【格式】选项卡，在【排列】组中❷单击【对齐】按钮，在弹出的下拉列表中❸选择【顶端对齐】选项。

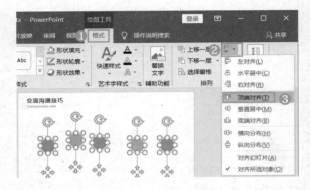

可以看到选中的元素全部设置为顶端对齐。

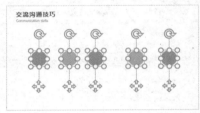

12.1.3 快速平均分布多个对象

平均分布就是使多个对象的间距相等，它的实现方式与对齐的实现方式基本相同，单击【对齐】按钮，在弹出的下拉列表中选择【横向分布】或【纵向分布】选项。

 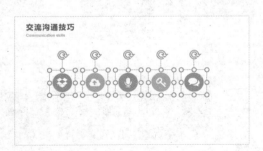

12.1.4 快速调整对象的角度

在 PPT 排版过程中，我们不仅需要对对象进行对齐和分布设置，有时还需要调整对象的角度。调整对象角度的方法也很简单，只需在【排列】组中❶单击【旋转】按钮，在弹出的下拉列表中选择相应选项，例如此处需要将三角形垂直翻转，在弹出的下拉列表中❷选择【垂直翻转】选项即可。

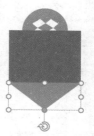

　　如果对象需要按指定角度进行旋转，可以在旋转下拉列表中选择【其他旋转选项】选项，弹出【设置形状格式】任务窗格，在任务窗格中的【旋转】微调框中输入指定的角度。

12.1.5　快速调整各元素的层次

　　在 PPT 制作过程中，我们可能插入了多个元素，但是插入元素的顺序不一定符合要求。因此，在 PPT 中插入元素之后，我们经常还需要对元素的层次进行调整。调整层次的方法也很简单，选中需要调整顺序的元素，在【排列】组中单击【上移一层】或【下移一层】按钮，在弹出的下拉列表中选择合适的选项。

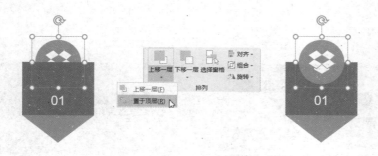

12.1.6 将多个元素组合为一个整体

组合就是将多个元素临时组合为一个整体，方便我们对这个整体进行对齐、分布等操作。组合的操作也非常简单，只需要选中所有需要组合的元素，单击鼠标右键，在弹出的快捷菜单中选择【组合】选项。

通过多次的对齐、分布、旋转、调整层次、组合等操作，最终就可以得到想要的 PPT 效果。

12.2 母版助力快速排版

排版中的重复原则中有一项是指不同页面中的某些元素的位置是固定不变的，如每个页面中标题的位置。

怎样才能做到这一点呢？幻灯片母版可以说是 PPT 制作过程中的一个利器。因为 PPT 中各个页面都会受到母版的影响，所以可以把 PPT 中各页面中固定不变的元素放到母版中，这样就不用在不同页面反复设置相同内容了。下面通过一个具体的实例来讲解幻灯片中母版的应用。

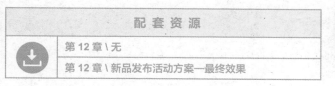

STEP1» 新建一个空白演示文稿，❶切换到【视图】选项卡，在【母版视图】组中❷单击【幻灯片母版】按钮，进入幻灯片母版设置状态。

STEP2» 幻灯片母版与普通幻灯片页面一样包含很多版式，但是版式导航窗格中的第 1 个版式页是可以影响当前母版中其他所有页面的。例如，为第 1 个版式页设置背景，当前母版中的所有页面就都会应用这个背景。

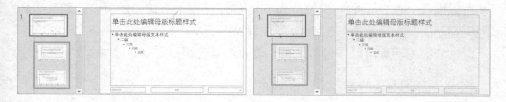

STEP3» 在幻灯片母版页中插入元素的方法与在普通页面中插入元素的方法一致，对于页面中需要反复出现的元素，直接将其插入母版页面中即可。这里需要注意，在母版中固定文字位置需要使用占位符，而不是文本框。占位符的插入与编辑的方法与文本框基本相同，单击【插入占位符】按钮的下半部分，在弹出的下拉列表中选择一种合适的占位符，待鼠标指针变成"十"字形状时，通过按住鼠标左键并拖曳鼠标指针的方式绘制一个占位符，然后对占位符中的字体、字号等进行适当设置。

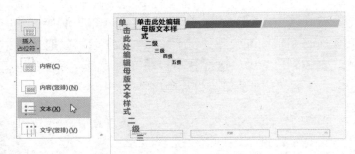

STEP4» 关闭幻灯片母版，在幻灯片中应用刚才设计好的母版版式，在占位符中输入相应的内容。

12.3　动画使"推广策划方案"不枯燥

　　动画也是 PPT 设计中的一项重要内容，在 PPT 中添加合适的动画效果不仅可以增强 PPT 的动感与美感，为 PPT 的设计锦上添花，还可以达到某些静态内容无法实现的效果，起到画龙点睛的作用。

　　PPT 中的动画可以分为两大类：页面切换动画和元素的动画。

12.3.1　页面切换也可以动起来

　　PPT 中比较常用的动画就是页面切换动画。在设置页面切换动画时，只需选中需要设置动画的页面，切换到【切换】选项卡，在【切换到此幻灯片】组中选择一种合适的切换动画效果即可。

【切换到此幻灯片】组中默认显示出的切换效果比较少，如果需要更多的切换效果，可以在【切换到此幻灯片】组中单击【其他】按钮，显示出系统提供的所有页面切换效果。

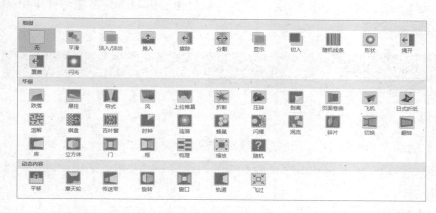

可以看到，PPT 中包含"细微""华丽""动态内容"3 类切换效果，共40 多种，可以根据实际需求选用合适的效果。

每一种切换动画都对应不同的效果，在选定页面切换动画效果后，还可以单击【效果选项】按钮，在弹出的下拉列表中选择不同的动画变化方式，如动画的方向、形式等。

除此之外，还可以通过【切换】选项卡【计时】组中的功能选项，调节页面切换动画的持续时间、换片方式等。

12.3.2　元素按顺序进入页面

在 PPT 中为各元素添加动画的方法与为页面添加切换动画的方法差不多。选中需要设置动画的元素，切换到【动画】选项卡，在【动画】组中选择一种动画即可。

【动画】组中默认显示的动画数量有限，只显示了几种进入动画，单击【其他】按钮，可以看到不仅有进入动画，还有强调动画、退出动画和动作路径动画。

进入动画：在幻灯片页面中，元素刚刚生成时的动画。

强调动画：元素已经生成，通过旋转、缩放、反差等形式让元素突出的动画。

退出动画：元素退出页面时的动画。

动作路径动画：元素已经生成，通过指定路径移动元素产生的动画。

PPT 中各元素的动画与页面切换动画一样，可以进行动画效果的设置。除此之外，各元素的动画还可以通过【动画窗格】任务窗格进行顺序及开始方式的调整。

12.4　自由设置"推广策划方案"的放映

要将 PPT 的效果展现给观者就需要放映 PPT，那么 PPT 是怎样开始放映的呢？我们应该怎样让 PPT 按照一些指定的方式进行放映呢？

设置 PPT 开始放映的方式有很多种，按照放映方式开始的位置可以分为从头开始播放和从指定幻灯片开始播放。

设置 PPT 从头开始播放

设置 PPT 从头开始播放常用的方法：❶切换到【幻灯片放映】选项卡，在【开始放映幻灯片】组中❷单击【从头开始】按钮；或者直接按【F5】快捷键。

设置 PPT 从指定幻灯片开始播放

设置 PPT 从指定幻灯片开始播放，首先要选中开始播放的幻灯片，然后切换到【幻灯片放映】选项卡，在【开始放映幻灯片】组中单击【从当前幻灯片开始】按钮。

12.5　导出不同格式的"推广策划方案"

PPT 制作完成后，还需要输出分享。在分享过程中，可以根据接收者的需求，将 PPT 导出为不同的格式，如图片、PDF 和视频等。

PPT 导出为不同格式的方法基本一致，具体的操作步骤如下。

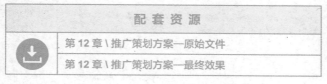

配 套 资 源

第 12 章 \ 推广策划方案—原始文件

第 12 章 \ 推广策划方案—最终效果

扫码看视频

STEP1» 打开本实例的原始文件，❶单击【文件】按钮，在弹出的界面中❷选择【另存为】选项，在【另存为】界面中❸单击【浏览】按钮。

STEP2» 弹出【另存为】对话框，找到需要保存的位置，在【保存类型】下拉列表中选择导出的格式，例如❶选择【MPEG-4 视频 (*.mp4)】选项，❷单击【保存】按钮。

第4篇

学会PS技能，成为职场达人

在日常办公中，我们常常因为抠图、换背景、修证件照、去水印等简单的图片处理问题把自己弄得焦头烂额。工作中，如果能掌握一些Photoshop技能，具备设计简单图标、海报的能力，将会大大提高办公效率，提升职场竞争力。

13

第 13 章
日常办公常用的
PS 技能

- 如何把自拍的照片做成 1 寸证件照？
- 图片尺寸太大了，想要压缩一下怎么办？
- 只想保留图片中的部分画面，怎么进行裁剪？
- 图片中有水印，怎么去掉？
- 图片中有污点、瑕疵，想要去掉怎么办？
- 想要更换一下证件照的背景色，怎么办？

13.1　Photoshop界面

新建或者打开一个 Photoshop 文档，进入 Photoshop 的工作界面。

STEP» 在菜单栏中选择❶【文件】→ ❷【打开】选项，或者直接单击【打开】按钮，弹出【打开】对话框。从计算机中（本实例为❸"本地磁盘 D"）选择一张图片（本实例为❹ 1.jpg），单击❺【打开】按钮，将宠物图片在 Photoshop 中打开。

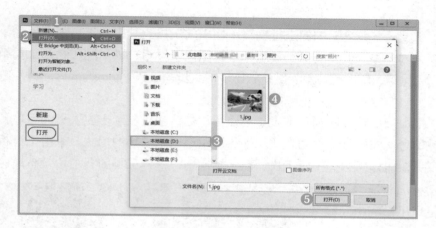

打开图片后的 Photoshop 工作界面如下图所示。

工具箱　标题栏　菜单栏　文档窗口　工具选项栏　面板

状态栏

> **Tips**
>
> 还有一种直接打开图片的方式：找到图片，按住鼠标左键，将图片直接拖曳到 Photoshop 工作界面中。

菜单栏：界面最上面的一栏，每一个菜单中都包含许多可执行命令。例如，对图像的直接操作都在【图像】菜单下；对图层的操作都在【图层】菜单下；对选取的操作都在【选择】菜单下。

工具箱：包含对图像进行编辑所使用的工具。其中的工具根据用途不同可以分为 5 类：选择图像工具组、编辑图像工具组、矢量图和绘画工具组、文字工具组、辅助工具组。默认状态下的工具箱位于 Photoshop 界面的左侧。

把鼠标指针移动到某个工具上停留片刻，就会显示相应工具的名称和快捷键信息，同时会出现动态演示来告诉用户这个工具的用法。单击工具箱中的工具按钮即可选择相应工具。在工具箱中，部分工具的右下角带有黑色小

三角标记，表示这是一个工具组，其中隐藏多个子工具。在这样的工具按钮上单击鼠标右键可查看子工具，将鼠标指针移动到某子工具上，单击，即可选择相应工具。

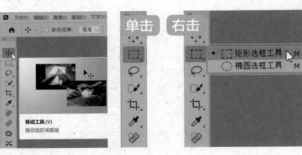

工具选项栏：用于对工具箱里的工具进行精细设置。单击工具箱里的任意一个工具按钮，工具选项栏中会显示对应的属性选项。【套索工具】和其对应的工具选项栏如右图所示。

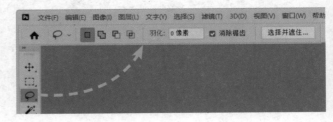

标题栏：显示文档名称、文档格式、窗口缩放比例和颜色模式等信息。如果文档中包含多个图层，那么标题栏中还会显示当前工作的图层名称。

面板：主要用来配合图像的编辑、对操作进行控制及设置参数等。Photoshop 中有 20 多个面板，在菜单栏的【窗口】菜单中可以选择需要的面板并将其打开，也可将不需要的面板关闭。

常用的面板有【图层】面板、【通道】面板、【路径】面板等。默认情况下，面板以选项卡的形式出现，并位于文档窗口右侧。用户可以根据需要打开、关闭或自由组合面板。

Photoshop 中的面板可以根据需要自由组合和分离。将鼠标指针悬停在当前面板的标签上，按住鼠标左键将面板标签拖曳到目标面板的标签栏旁，可以将其与目标面板组合，采用同样的方法也可以进行分离面板操作。下页图所示为将【调整】面板和【属性】面板分离，将【调整】面板移到【路径】面板（目标面板）右边，将【调整】面板与【图层】【通道】【路径】面板进行组合的示意。

文档窗口：显示和编辑图像的区域。

状态栏：位于文档窗口左下角，可以显示文档的大小、文档的尺寸和窗口缩放比例等。最左边显示的是图像在窗口中缩放的比例。

Tips

　　在处理图像的过程中，我们可能会把面板调乱。选择【窗口】→【工作区】→【复位基本功能】选项，可以把界面恢复到初始状态。

13.2　制作电子证件照

　　在日常办公中经常会用到电子证件照。在网站上上传电子版的证件照时，通常会有尺寸和大小的要求，若不符合要求，就会上传失败。当急需证件照而手边又没有时，可以选取一张平时拍摄的正面照，在 Photoshop 中将其制作成符合要求的电子证件照。

　　例如，网站要求上传 1 寸（2.5 厘米 ×3.5 厘米）、文件大小在 200KB 以内、文件格式为 JPG 的照片。本实例的原图是一张横幅的半身照，并且大小也不符合规范。下面以将该照片制作成符合上述要求的电子证件照为例进行讲解。

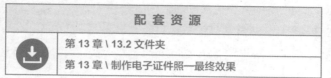

配 套 资 源

| 第 13 章 \ 13.2 文件夹 |
| 第 13 章 \ 制作电子证件照—最终效果 |

扫码看视频

STEP1» 打开 Photoshop，在菜单栏中选择【文件】→【新建】选项，弹出【新建文档】对话框。❶输入文档名称"1 寸证件照"。❷将单位设置为【厘米】，在【宽度】文本框中输入"2.5"，在【高度】文本框中输入"3.5"，单击 按钮，将文档设置为竖幅。❸设置【分辨率】为【300】【像素 / 英寸】。❹【颜色模式】设置为【RGB 颜色】【8bit】，❺单击【创建】按钮新建文档。

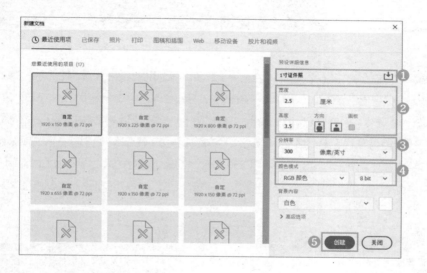

STEP2» 创建文档后，在菜单栏中选择【文件】→【置入嵌入对象】选项，弹出【置入嵌入的对象】对话框，从计算机中（本实例为❶"本地磁盘 E"）❷找到素材图片，❸单击【置入】按钮，将素材图片置入文档中。

STEP3» ❶拖曳置入素材的控制点，进行自由变换操作。❷将图片放大，因为证件照通常显示人像头部和肩部的位置。图片大小调整完成后，按【↑】【↓】【←】【→】键适当调整人像在画面中的位置。按【Enter】键确认变换操作，❸此时图像的尺寸就调整好了。

STEP4» 在菜单栏中选择【文件】→【存储为】选项，在弹出的对话框中单击【保存在您的计算机上】按钮，弹出【另存为】对话框。❶选择文件存储位置，❷在【保存类型】下拉列表中选择【JPEG】选项，❸单击【保存】按钮。在弹出的【JPEG选项】对话框中❹设置【品质】为【12】，❺选中【基线（"标准"）】单选钮，❻勾选【预览】复选框，此时能看到当前图像的大小，本实例图片调整后未超出指定大小（200KB）。如果超出指定的大小，可以将【品质】数值调低，从而达到减小图像大小的目的。❼单击【确定】按钮，1寸电子证件照就制作完成。

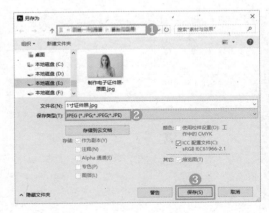
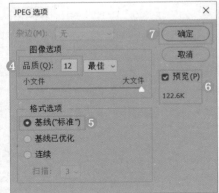

Tips

　　当存储格式为 PSD 时，在 Photoshop 中制作图片的过程也会被保存下来。PSD 格式是 Photoshop 图像处理软件的专用格式。如果图片内容没有制作完成，将其存储为 PSD 格式是很好的一种方式。

　　当存储格式为 TIFF 时，图片是没有经过压缩处理的，图像品质很高，但文件相对来说会比较大。一般在印刷产品或平面广告中会用到 TIFF 格式。

　　当存储格式为 JPEG 时，图片的质量会被压缩，图像中重复或不重要的资料会被丢弃，此时文件会比较小。这是一种常见的图像存储格式。

13.3　调整图像的尺寸

　　当图像的尺寸没有达到或超出了我们的使用范围时，就要想办法把这个图像放大或者缩小，调整到我们需要的尺寸。想要调整已有图像的尺寸，可以使用【图像大小】命令来完成。

配 套 资 源	
第 13 章 \ 13.3 文件夹	
第 13 章 \ 调整图像的尺寸—最终效果	

扫码看视频

STEP1» 在菜单栏中选择【文件】→【打开】选项，打开素材文件。在菜单栏中选择【图像】→【图像大小】选项，弹出【图像大小】对话框。对话框中显示当前图片尺寸。

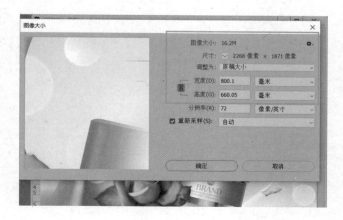

STEP2» 若作品要求最大边长不超过20厘米，❶则勾选【重新采样】复选框，❷将【宽度】和【高度】的比例锁定，❸设置【单位】为【厘米】，❹在【宽度】（也就是该图片最长的边）文本框中输入"20"，【高度】文本框中的数值会随之改变，❺单击【确定】按钮，完成尺寸修改。

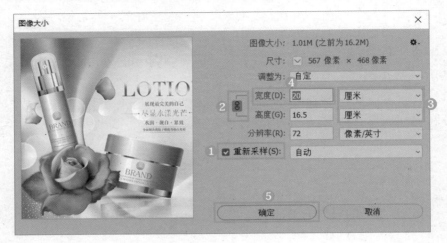

> **Tips**
>
> 　　勾选【重新采样】复选框时，修改【宽度】【高度】【分辨率】文本框中的任何一个数值或单位，都会改变该图像的像素总数和图像文件的大小；取消勾选【重新采样】复选框时，修改【宽度】【高度】【分辨率】文本框中的值，不会改变该图像的像素点总数和图像文件的大小，只是改变了【宽度】【高度】【分辨率】文本框中的值之间的对应关系。
>
> 　　按下【约束长宽比】按钮，该按钮的上下会出现连接线，此时修改【宽度】或【高度】文本框中的数值，另一文本框中的数值将自动按之前的长宽比进行更改；未按下【约束长宽比】按钮时，可以分别修改【宽度】和【高度】文本框中的数值，但修改后可能会造成图像比例错误的情况。

13.4　裁剪图片

　　如果只想要一张图片中的一部分，则要裁剪掉不需要的画面，简单的方法是使用【裁剪工具】，具体操作步骤如下。

配套资源
第 13 章 \ 13.4 文件夹
第 13 章 \ 裁剪图片—最终效果

扫码看视频

STEP1» 在菜单栏中选择【文件】→【打开】选项，打开素材文件。本实例需要让画面中的荷花更突出，使画面更简洁。单击工具箱中的【裁剪工具】按钮，照片边缘显示裁剪框，拖曳裁剪框的四周边框调整裁剪区域。

STEP2» 如果想以特定的比例或尺寸进行裁剪，可以在工具选项栏中❶单击【比例】下拉按钮，在弹出的下拉列表中选择需要的约束比例。例如，本实例需要按原始比例进行裁剪，就❷选择【原始比例】选项，❸拖曳边框调整裁剪框，在拖曳的过程中裁剪框会按所选比例进行缩放。

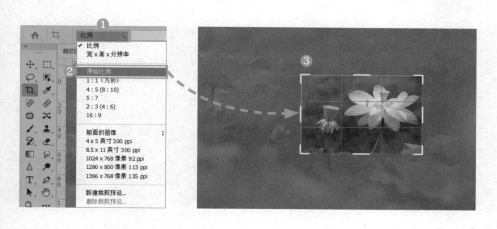

STEP3» 完成裁剪框调整后，双击或按
【Enter】键确认裁剪，将裁剪框之外的
图像裁掉。

Tips

当【裁剪工具】按钮处于约束比例裁剪状态时，如果想要对画面进
行自由裁剪，可单击工具选项栏中的 清除 按钮，将约束比例数值清空。

13.5　去除图片中的水印

本实例需要去除画面中的文字，因文字处的背景简单、颜色单一，可以
直接使用【内容识别】工具进行去除。

	配 套 资 源
	第 13 章 \ 13.5 文件夹
	第 13 章 \ 去除图片中的水印—最终效果

扫码看视频

STEP1» 打开素材文件。

STEP2» ❶单击工具箱中的
【矩形选框工具】按钮，
❷将鼠标指针移动到画面
中，按住鼠标左键拖曳鼠标
指针绘制出矩形选区，❸继
续拖曳选中画面上方文字，
释放鼠标左键后，完成选区
的绘制。

STEP3» 在菜单栏中选择【编辑】→【填充】选项或按【Shift+F5】组合键，弹出【填充】对话
框。在【内容】下拉列表框中❶选择【内容识别】选项，其他保持默认设置，❷单击【确定】
按钮，框选中的文字已被去除。

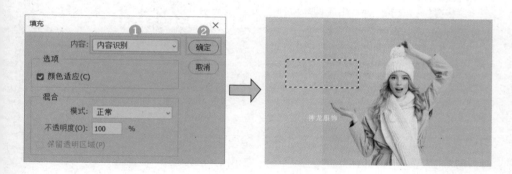

STEP4» 按相同方法下方的文字去除，按组合
键【Ctrl+D】取消选区。

13.6　去除图片中的瑕疵

日常办公中有时会遇到所需图片的内容不能令人满意的情况，有时是人物背景多余，有时是人物主体有瑕疵。此时这些影响画面美观的元素需要被去除，以保持画面的简洁。

配套资源
第 13 章 \ 13.6 文件夹
第 13 章 \ 去除图片中的瑕疵—最终效果

扫码看视频

STEP1» 打开素材文件。仔细观察可以看到画面中存在多处瑕疵，如人物面部的痣、痘痘，地板缝隙，墙面插座。下面使用多种工具对不同瑕疵进行修饰。

STEP2» ❶单击工具箱中的【缩放工具】按钮，在画面中将人物面部放大，方便对瑕疵进行处理。❷单击工具箱中的【污点修复画笔工具】按钮，在工具选项栏中❸选择一个柔角笔刷，并设置合适的笔尖大小，❹将【类型】设置为【内容识别】，在人物面部斑点处❺单击，去除斑点，继续在其他瑕疵上单击，去除人物面部的瑕疵。

STEP3» ❶单击工具箱中的【修补工具】按钮，将鼠标指针移动到地板缝隙处，按住鼠标左键在地板缝隙的周围拖曳绘制选区，拖曳时要注意在选区与缝隙处留出一点距离，以便图像融合，❷释放鼠标左键得到选区。在与选区内纹理相似的地板处按住鼠标左键并拖曳（注意拖曳的位置要和地板的纹理、间距和墙面的位置匹配）。释放鼠标左键，❸完成地板修补，单击取消选区。

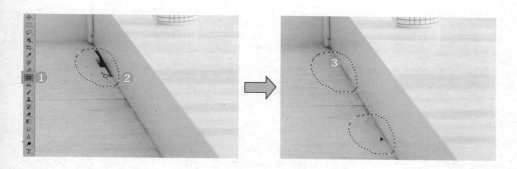

STEP4» ❶单击【套索工具】按钮，为插座创建选区，在菜单栏中选择【编辑】→【填充】选项，❷打开【填充】对话框，在【内容】下拉列表中选择【内容识别】选项，单击【确定】按钮，将插座去除。

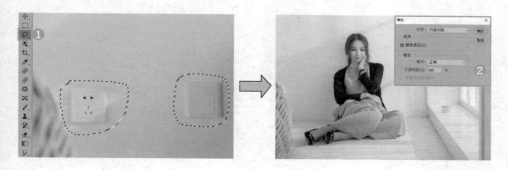

13.7　快速给证件照换背景色

　　日常办公中我们经常会用到不同背景色的证件照，当需要红色背景证件照而手里只有蓝色背景证件照时该怎么办？下面以将证件照的蓝色背景更换成红色背景为例进行讲解。

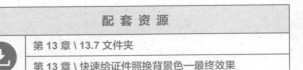

扫码看视频

STEP1» 打开素材文件，要更换证件照的背景色，需要先将人像从背景中抠出来。

STEP2» 在菜单栏中选择【选择】→【选择并遮住】选项，打开【选择并遮住】窗口。❶单击窗口中的【快速选择工具】按钮，在其工具选项栏中❷单击【选择主体】按钮，此时软件会自动将人像选取出来。在窗口右边的【属性】面板中❸将【透明度】调整为【100%】，可以更清楚地看到抠图效果。

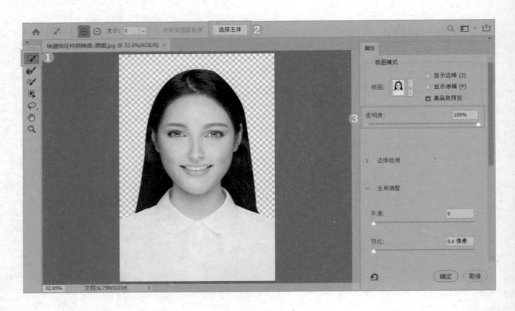

STEP3» 如果单击【选择主体】按钮后，软件自动选取出的人像边缘不准确，可以❶单击【调整边缘画笔工具】按钮，在头发边缘位置涂抹，也可以❷调整【属性】面板里的【半径】【平滑】【羽化】【对比度】【移动边缘】等选项，将细小发丝显示出来。此实例中的人像头发边缘

比较光滑，已经被较为完美地选取出来了，因此不用再调整其他参数。调整完成后，在【输出到】下拉列表框中 ❸ 选择【新建图层】选项，❹ 单击【确定】按钮。

STEP4» 抠图完成后，在【背景】图层的上方，以创建新图层的形式显示抠取的图像。

STEP5» ❶ 单击【图层】面板下方的【创建新图层】按钮，创建一个新图层，❷ 命名为 "红色背景"。❸ 单击工具箱底部的【前景色】按钮，在弹出的【拾色器（前景色）】对话框中，❹ 将背景色设置为红色 RGB（255，0，0），❺ 单击【确定】按钮。

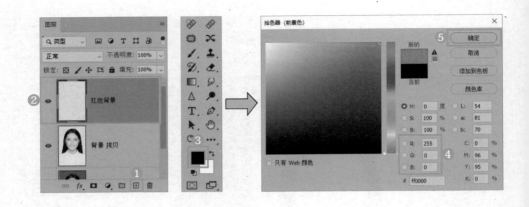

STEP6» ❶按【Alt+Delete】组合键进行前景色填充。在【图层】面板中选中【红色背景】图层，按住鼠标左键，❷将其拖曳到【背景 拷贝】图层的下方，此时红色证件照制作完成。

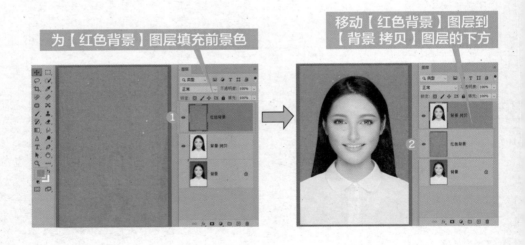

为【红色背景】图层填充前景色

移动【红色背景】图层到【背景 拷贝】图层的下方

14

第 14 章
职场进阶实用
PS 技能

- 如何为海报添加文本？
- 如何制作双重曝光效果的照片？
- 如何设计微信朋友圈海报？
- 如何设计室内宣传海报？

14.1 为海报添加文本

宣传海报的制作离不开文本，合理安排文本的位置与大小能使海报的宣传主题更加鲜明。

下面以在舞蹈宣传海报中创建文本为例，介绍海报中文本的创建及简单的文本编辑的方法，本实例效果如右图所示。

配 套 资 源		
	第 14 章 \ 14.1 文件夹	
	第 14 章 \ 为海报添加文本—最终效果	

扫码看视频

STEP1» 打开本实例的原始文件，图片中背景和主体图形已经设计完成。下面使用文字工具输入标题文字，突出主题。

STEP2» 单击工具箱中的【直排文字工具】按钮 **IT**，在其工具选项栏中设置合适的字体、字号、颜色等属性。需要注意的是，这些属性只是初步设置，如果感觉不合适，后面可以修改调整。

STEP3» 在画面中合适的位置❶单击，❷输入文字"正能量"，文字沿竖向排列。

STEP4» 单击工具选项栏中的 ✔ 按钮（或按【Ctrl+Enter】组合键），完成文字的输入，此时【图层】面板中会生成一个文字图层。

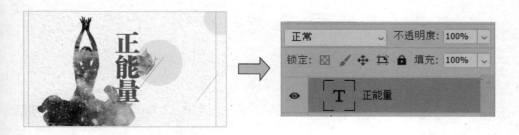

STEP5» 若版面中的文字大小不合适，可适当调整。将鼠标指针移至文字中，单击，此处被称作"插入点"。当鼠标指针定位在插入点处时，❶按【Ctrl+A】组合键可选中全部文本。在工具选项栏中❷将【文字大小】值调大，❸使文字与图像更协调。

STEP6» 在文本处单击，将鼠标指针放在文本外，当鼠标指针呈 形状时，按住鼠标左键，
❶将文本移至合适的位置。单击工具选项栏中的 按钮，结束文字的编辑。使用同样的方法
在画面中❷输入其他文字并设置文字的属性及位置。

14.2　制作双重曝光效果的照片

　　双重曝光是一种摄影技巧，指在同一张底片上进行多次曝光，实现一种叠加影像的奇幻效果。由于它所呈现出的这种特别的视觉效果，故而深受摄影爱好者的喜爱，不少相机自带双重曝光功能。那么，若相机没有这个功能该如何实现这种效果？

　　其实，在 Photoshop 中使用两张或多张照片，通过简单的几步操作也可以制作出双重曝光效果。在制作双重曝光效果时，要预先构想画面层

次。例如制作人物和风景的双重曝光效果时，主体是人物的话，在选取风景照片时就要考虑风景的构图、色彩等要和人物造型搭配，并且混合后的画面效果不能杂乱。本实例效果如右图所示。

配　套　资　源		
第 14 章 \ 14.2 文件夹		
第 14 章 \ 制作双重曝光效果的照片—最终效果		

扫码看视频

STEP1» 打开本实例的原始文件。

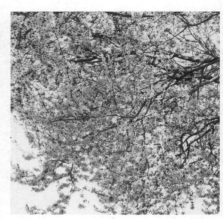

STEP2» 使用移动工具❶将风景照片拖曳到人像文件中，❷将风景照片的图层混合模式设置为【滤色】。

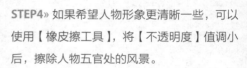

STEP3» 设置完成后，画面变成唯美的创意合成图像。

STEP4» 如果希望人物形象更清晰一些，可以使用【橡皮擦工具】，将【不透明度】值调小后，擦除人物五官处的风景。

14.3　设计微信朋友圈海报

日常办公中，经常需要制作朋友圈海报进行宣传推广，朋友圈海报相当于宣传单，微信用户是潜在的宣传对象。宣传的效果与海报的优劣是分不开的，精美的海报更具有说服力。下面以制作服饰产品的竖版朋友圈海报为例进行讲解，本实例效果如右图所示。

配套资源
第 14 章 \ 14.3 文件夹
第 14 章 \ 设计微信朋友圈海报—最终效果

扫码看视频

STEP1»新建一个宽度为1181像素、高度为1772像素，分辨率为72像素/英寸，名为"朋友圈海报"的文档。选中【背景】图层，将【前景色】设置为浅黄色，色值为 RGB（245，214，116），按【Alt+Delete】组合键进行颜色填充。

STEP2» 在菜单栏中选择【文件】→【置入嵌入对象】选项，将素材文件中的"Logo"文件置入文档，拖曳边框将其缩小到合适大小，并将其拖曳到画面左上角，按【Enter】键完成置入操作。将素材文件中的"人物"文件置入文档，拖曳边框将人物缩小到版面的三分之二大小，并将其拖曳到画面的左上方，按【Enter】键完成置入操作。

STEP3» 对海报中的文字内容进行编排。由于文字较多，可以使用一些装饰图形对文字进行分区。在菜单栏中选择【文件】→【置入嵌入对象】选项，将素材文件中的"装饰边框"文件置入文档，并将其移动到人物的右侧，按【Enter】键完成置入操作。在菜单栏中选择【文件】→【置入嵌入对象】选项，将素材文件中的"白色波纹"文件置入文档，拖曳边框调整到合适大小，并将它移动到人物的下方，按【Enter】键完成置入操作。

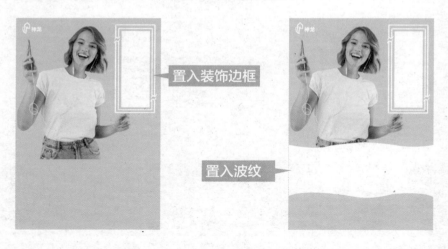

STEP4» 单击工具箱中的【直排文字工具】按钮，在装饰边框中单击，分别输入"购物狂欢"和"全场五折起更多豪礼等你来抢"。单击工具箱中的【横排文字工具】按钮，在装饰边框中单击，输入"618"。在菜单栏中选择【窗口】→【字符】选项，在弹出的【字符】面板中对文字的字体、字号、颜色等进行设置。

STEP5» 为了方便接下来的操作，❶按住【Ctrl】键依次选中 3 个文字图层，❷单击【图层】面板下方的【创建新组】按钮，将文字编组，并命名为"右上角文字"。❸单击组名称前面的下拉按钮，可展开或隐藏组内的图层。

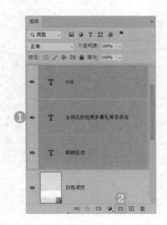

STEP6» 在白色波纹上方输入文案"团购三折优惠起"。

STEP7» 新建一个图层,命名为"断点边框",单击【矩形选框工具】按钮,在文案上方按住鼠标左键拖曳鼠标指针绘制矩形选区。在菜单栏中选择【编辑】→【描边】选项,在弹出的【描边】对话框中设置【宽度】【颜色】【位置】等属性,单击【确定】按钮,绘制一个矩形框。

STEP8» 单击【矩形选框工具】按钮,❶在矩形框上需要断开的位置创建选区,选区的宽度要超过矩形框的宽度。按【Delete】键删除选区内的矩形框,按组合键【Ctrl+D】组合键❷取消选区。

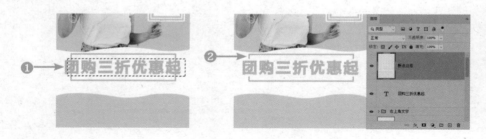

STEP9» 单击【横排文字工具】按钮,在断点边框下方输入直播平台的名称。

STEP10》单击【横排文字工具】按钮，在工具选项栏中❶设置合适的字体、字号。在"XX 直播平台"的左边❷输入两个大于符号，复制该文字图层，在菜单栏中选择【编辑】→【变换】→【水平翻转】选项，❸将符号水平翻转并移动到"XX 直播平台"的右边。

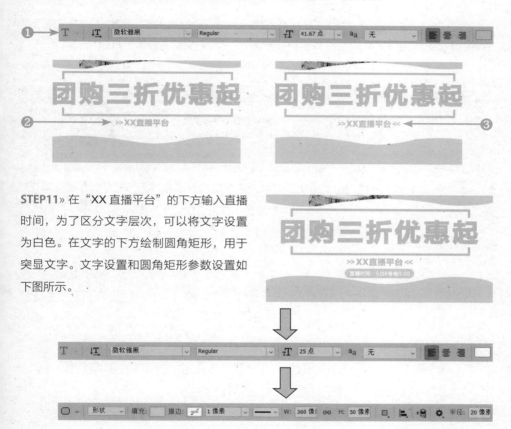

STEP11》在"XX 直播平台"的下方输入直播时间，为了区分文字层次，可以将文字设置为白色。在文字的下方绘制圆角矩形，用于突显文字。文字设置和圆角矩形参数设置如下图所示。

STEP12》将白色波纹上方的文字和图形选中，单击【图层】面板下方的【创建新组】按钮，将文字编组，命名为"团购信息"。

STEP13》将品牌的微信公众号二维码置入文档，放到直播时间下方的黄色背景上。在二维码下方输入"关注微信公众号，更多好礼享不停！"。

色值为 RGB（145，148，80）

STEP14» 使用【直排文字工具】，在人物右侧添加人物介绍文案"主播 甄丹妮"。

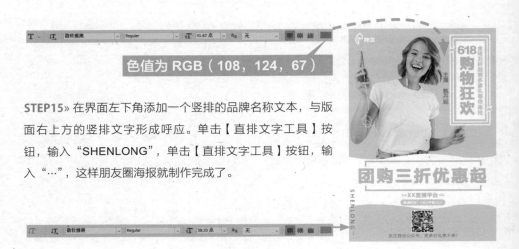

色值为 RGB（108，124，67）

STEP15» 在界面左下角添加一个竖排的品牌名称文本，与版面右上方的竖排文字形成呼应。单击【直排文字工具】按钮，输入"SHENLONG"，单击【直排文字工具】按钮，输入"…"，这样朋友圈海报就制作完成了。

Tips
当图层过多时，将图层编组可以帮助我们快速找到需要的图层。选中组还可以方便、快捷地对其进行整体移动。

14.4　室内宣传海报设计

对于从事平面设计或文案策划宣传的人员来说，设计精美的海报是必备的技能。制作海报，首先需要明确海报的主题，然后根据主题搭配相关的文字和图片素材。本实例以设计一个化妆品宣传海报为例，介绍设计一张精美的海报应注意的事项及要求，本实例效果如下页图所示。

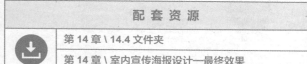

　　想要制作出精美的海报，在设计时就要遵循 3 个基本原则：主题突出，内容精练；图片为主，文字为辅（也有一些特殊的情况以文字为主，图片为辅）；具有视觉冲击力。具体的操作步骤如下。

STEP1» 根据海报用途新建文档。本实例海报设计完成输出后将张贴于室内用作宣传，因此需要根据张贴位置确定尺寸或者由客户提供尺寸。本实例创建的尺寸为 136 厘米 ×60 厘米（横版），海报的分辨率和颜色模式按照写真机输出要求设置，将分辨率设置为 72 像素 / 英寸、颜色模式设置为 CMYK。

STEP2» 排版设计前，可以画出草图，对海报中的文字和图片进行简单布局（这样可以减少后续排版工作量）。本实例图片放置在画面两侧，产品在左，模特在右，以此突出产品；中间部分留出足够的空间放置文字，具体划分如右图所示（蓝色表示图片，灰色表示文字）。

STEP3» 背景与主题图片协调是制作
一张成功海报的关键。这里选择一
张浅蓝色带有光斑的图片来制作背
景。按【Ctrl+O】组合键，打开素
材文件中的"底图"文件，使用【移
动工具】将其移动至当前文档中。

STEP4» 打开素材文件中的"产品模特"文件，将它添加到当前文档中，放置在画面最右侧并缩
放到合适大小。

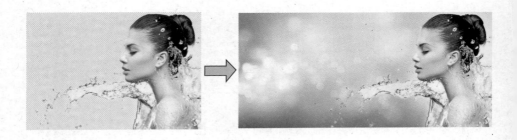

STEP5» 选中【产品模特】图层，❶双击图层名称后面的空白处，打开【图层样式】对话框，在
该对话框的左侧选择要添加的样式。❷这里勾选【外发光】复选框，❸并进行参数设置，❹单
击【确定】按钮，❺添加外发光效果。

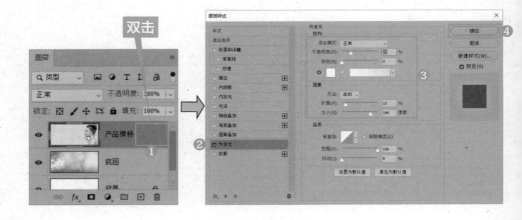

STEP6» 打开素材文件中的"美肤产品"和"水花"文件，并将其添加到当前文档中。将【水花】图层放置在【美肤产品】图层上方，并将【水花】的图层【混合模式】设置为【正片叠底】，这样水花可以与它下方图层自然融合。

STEP7» 根据布局要求对文字进行编排，设计出对比效果明确的版面。使用【横排文字工具】，在工具选项栏中设置合适的字体、字号、颜色等，在画面中单击输入主题文字"水润修复 靓白紧致"。

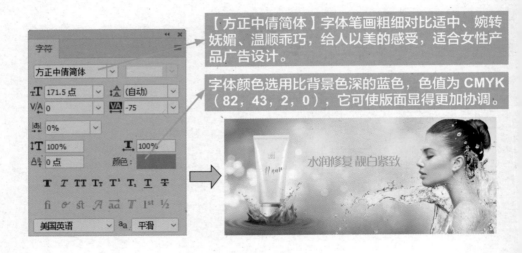

【方正中倩简体】字体笔画粗细对比适中、婉转妩媚、温顺乖巧，给人以美的感受，适合女性产品广告设计。

字体颜色选用比背景色深的蓝色，色值为 CMYK（82，43，2，0），它可使版面显得更加协调。

STEP8» ❶ 在文字下半部分创建选区，新建一个图层并重命名为"蓝渐变"，❷ 使用【渐变工具】进行由蓝到透明的渐变填充。蓝色色值为 CMYK（99，85，44，8），比原文字颜色深可以让文字上下分出层次，按【Ctrl+Alt+G】组合键 ❸ 将该图层以剪贴蒙版的方式置入主题文字。

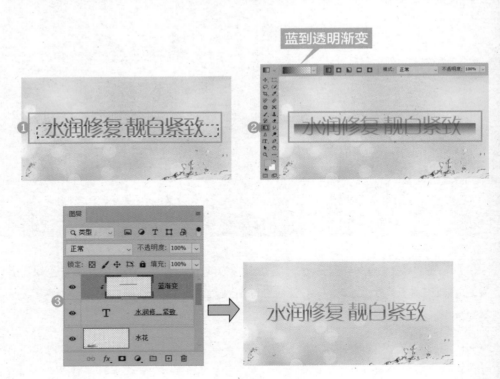

蓝到透明渐变

STEP9» 打开素材文件中的"光斑"文件，将其添加到当前文档。将该图层的【混合模式】设置为【叠加】，并以剪贴蒙版的方式置入主题文字。

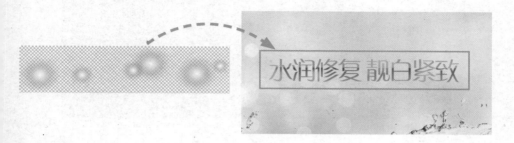

STEP10» 在主题文字的上方和下方输入广告语❶"肤美白 白茶系列"和❷"全面解决肌肤干燥提升焕白光晕"。为了突出功效，将"全面解决肌肤干燥提升焕白光晕"文字适当调大。❸在主题文字下方绘制一条横线，该横线起到间隔文字、装饰主题文字的作用，对广告语和横线应用【渐变叠加】效果，使它们与主题文字协调。

STEP11» 输入价格与人民币符号，将符号的字号设置得比价格的字号小，以突出数字。输入"新品抢先价"，并在该文字下方添加一个渐变底图，让文字显眼一些。

STEP12» ❶新建一个图层，命名为"光感"，使用【渐变工具】❷进行由白到灰的渐变填充，将该图层的【混合模式】❸设置为【叠加】，【不透明度】❹设置为 35%。

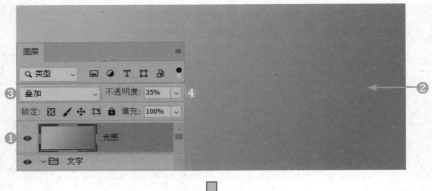

汇集应用精华，分享实战经验

好书推荐

6大类分析，36个商务图表案例
快速提升数据可视化水平

6项核心技术，240分钟同步教学视频
轻松学会Excel数据处理与分析

带你从原理和逻辑理解函数
将公式与函数的高效应用彻底说清楚

打通从代码到界面的逻辑
解开用程序自如掌控Excel元素的秘密

关注**职场研究社**
回复58264
获取本书配套资源

封面设计：设手作 BOOK
Q172157120 DC

分类建议：计算机/办公应用

人民邮电出版社网址：www.ptpress.com.cn

ISBN 978-7-115-58264-5

9 787115 582645 >

定价：79.90 元